백두산을 부탁해

청소년을 위한 우리 땅 백두산 이야기

초판 1쇄 발행 2016년 3월 1일 ＼**초판 2쇄 발행** 2016년 12월 20일
지은이 이두현 조정은 장우연 윤창희 박남범 ＼**감수** 전국사회과교과연구회
펴낸이 이영선 ＼**편집 이사** 강영선 ＼**주간** 김선정 ＼**편집장** 김문정
편집 임경훈 김종훈 하선정 유선 ＼**디자인** 김회량 정경아
마케팅 김일신 이호석 김연수 ＼**관리** 박정래 손미경 김동욱

펴낸곳 서해문집 ＼**출판등록** 1989년 3월 16일(제406-2005-000047호)
주소 경기도 파주시 광인사길 217(파주출판도시) ＼**전화** (031)955-7470 ＼**팩스** (031)955-7469
홈페이지 www.booksea.co.kr ＼**이메일** shmj21@hanmail.net

이두현 조정은 장우연 윤창희 박남범 © 2016
ISBN 978-89-7483-776-1 03980
값 13,900원

이 도서의 국립중앙도서관 출판시도서목록(CIP)은 e-CIP 홈페이지(http://www.nl.go.kr/ecip)에서
이용하실 수 있습니다.(CIP제어번호: CIP2016002111)

백두산은 부탁해

청소년을 위한 우리 땅 백두산 이야기

이두현, 조정은, 장우연, 윤창희, 박남범 지음
전국사회과교과연구회 감수

서해문집

언제든 오를 수 있는
우리 땅 '백두산'이
되길 바라며

동해물과 백두산이 마르고 닳도록
하느님이 보우하사 우리나라 만세

애국가 첫 소절에 우리나라 영토와 영해 두 곳이 등장합니다. 하나는 동해, 다른 하나는 백두산이지요. 우연찮게도 우리나라 영토의 주요 거점인 독도와 백두산이 등장하는 겁니다. 독도는 우리나라 영토의 첫 시작을 여는 곳이고, 백두산은 간도라는 영토의 시작점입니다. 이 둘의 만남은 아이러니하게도 우리나라의 영토 현실을 보여 주고 있지요.

하지만, 지금 이 둘의 현실은 사뭇 다르답니다. 독도는 일본이 지속적으로 분쟁 지역화하려는 야욕 속에 국가적 주요 문제로 적극 대응하는 반면, 간도를 포함한 백두산은 우리 영토에서 어느새 사라져 가고 있습니다. 남북 분단이라는 현실 속에서 북한의 미온적 대처로 간도는 이미 중국의 영토 속에 포함되어 있고, 백두산도 이미 절반은 중국 영토 속에 포함되고 말았어요.

우리 땅이었던 곳, 우리 민족의 역사가 시작되었던 곳, 백두산과 간도 지역이 우리 땅이라는 지리적, 역사적, 그리고 국제법적 당위성이 있음에도 불구하고 그 흔적은 점차 사라져 가고 있습니다. 최근에 와서 백두산은 폭발 가능성을 가진 화산으로 새롭게 부각되고 있습니다. 백두산이 폭발하면 한반도와 일본의 피해가 상당할 것으로 예측되고 있기 때문입니다. 오늘날 백두산은 역사·지리·과학 등 다양한 분야에서 연구되고 있으며, 청소년들을 위한 영토교육 및 과학교육의 일환으로 그 중요성이 커지고 있습니다.

그런데 아직까지 청소년들을 위해 출간된 백두산 관련 도서는 없습니다. 일반 독자를 위한 도서도 전무후무한 상황이지요. 당연히 지리·과학·역사·정치·법 등을 다룬 통합적 도서는 더더욱 없는 것이 현실입니다. 우리 국민이 백두산을 접할 수 있는 기회가 없던 것이지요. 이에 본 집필진은 의기 투합을 하게 되었습니다. 백두산의 이모저모를 우리 청소년에게 보여 주고 그 소중함을 일깨워 주고 싶었습니다.

독도는 이미 다양한 책과 다큐를 통해 많이 접해 봤기 때문에 이제 청소년들에게는 어느 정도 익숙해졌습니다. 하지만 백두산은 전혀 그렇지 않습니다. '북파나 서파', '비룡폭포', '녹용', '담비', '탄화목' 등 백두산에 관한 모든 이야기들은 낯설게만 느껴집니다. 그래서 집필진들은 이 책에서 먼저 청소년들의 인지 수준을 고려하고 그 안에서 흥미롭게 구성하려고 노력하였습니다. 백두산의 지리적 위치와 자연 환경의 특색에만 치우쳐 기술하는 것을 지양하고, 역사·과학·경제·정치·법 등 다양한 관점에서 통합적으로 기술하도록 하였습니다. 이를 위해 집필진 선정에서부터 각 학문의 분야를 심도 있게 전공한 교사들로 선발하였습니다. 더불어 각 단원별·분야별 특성에 어울릴 만한 자료들을 선별해 디자인의 감성을 살려 체계를 구성하였습니다. 백두산의 자연환경은 다채로운 이미지 자료를 활용해 다양한 볼거리를 제공하였습니다. 역사에서는 백두산의 사료를 바탕으로 기술하였고, 법에서는 중국과 북한의 조약과 국제법에서 국제 재판을 통한 해결 방안의 가능성에 대해 탐색하도록 하였습니다.

이 도서를 통해 우리 청소년들이 우리 땅 백두산에 대해 조금이나마 관심을 가졌으면 하는 마음입니다. 이러한 작은 관심들이 모이면 우리 영토에 대한 합리적 고민을 할 수 있는 계기가 될 것입니다.

《백두산을 부탁해》는 청소년 도서임과 동시에 우리 영토 교양서로서의 성격도 가지고 있습니다. 한 장 한 장 넘겨 가면서 우리가 잘 알지 못했던 신비의 산 백두산의 탄생 비밀과 아름다운 자연 환경에 빠져 보시기 바랍니다. 더불어 고지도와 역사서 속에 등장했던 백두산과 간도를 보고 국제법적으로 이 문제를 어떻게 풀어 가야 할지 함께 고민해

봅시다.

　　이 도서를 집필한 지 벌써 1년이라는 시간이 흘렀습니다. 각 장의 자료를 수없이 검토하고 고증해 가면서 우리 땅에 대한 조그마한 오류가 없도록 정성을 다하였습니다. 이 책을 읽으며 백두산의 경이로움에 감탄하고, 우리 국토의 소중한 가치를 깨닫는 즐거움을 만끽하길 기대합니다.

　　무엇보다 도서의 검토 및 감수에 정성을 다해 준 전국사회과교과연구회에 감사한 마음을 전합니다. 어려운 출판 환경 속에서도 이 도서가 출간되도록 하나하나 신경 써 주신 서해문집과 하선정 편집자께 감사의 마음을 표합니다.

저자들을 대표하여
이두현

차 례

현재

부

중소(45.5%)

선　　　지

북한(54.5%)

1장

백두산,
도대체
누구냐 넌?

01

우리나라의
영역, 그리고
백두산

우리나라의 네 끝은 어디일까?

한 나라의 주권이 미치는 공간적인 범위를 '영역'이라고 한다. 이 영역은 영토와 영공, 그리고 영해로 구성된다. 쉽게 영토는 땅, 영해는 바다, 영공은 영토와 영해의 상공인 하늘을 말한다.

그럼 먼저 우리나라의 영토에 대해 알아보자. 대한민국 헌법 제3조에 의하면 "대한민국의 영토는 한반도와 그 부속 도서島嶼로 한다."라고 정의하고 있다. 즉 영토는 남한뿐만 아니라 북한까지 합친 한반도를 말한다. 남북한을 모두 합친 국토 면적은 영국, 루마니아 등과 비슷하다. 그 면적은 약 23만㎢로 북한은 12만 2,762㎢(2010년 기준), 남한은 10만 188㎢(2013년 기준) 정도이다. 남한의 경우 10년 전인 9만 9,601㎢에 비해 여의도의 202.4배인 587㎢가 증가한 셈이다.

'한반도'라는 말에서 볼 수 있듯이 우리나라는 삼면이 바다로 둘러싸인 반도국으로, 주변에 많은 섬들이 위치하고 있다. 과연 한반도 주변에는 몇 개의 섬이 있을까? 대부분 사람들은 어림잡아 20개 정도, 많아야 100개 정도라고 예상한다. 그러나 한반도 주변에는 3,358개(2010년 기준)나 되는 수많은 섬들이 자리하고 있다. 그중 사람들이 사는 섬은 482개이고, 무인도는 2,876개이다. 최근 정부에서 전국 지자체를 중심으로 잠정 집계한 개수는 약 4,201개(2013년 기준)라고 한다.

우리나라 영토의 동서남북 각각의 끝은 어디일까? 일본과의 영유권 갈등으로 인해 우리나라 동쪽 끝이 독도라는 사실을 전 국민이 다 알게 되었다. 경상북도 울릉군 울릉읍 독도리, 동경 131° 52′ 22″에 위치하고 있는 독도는 동쪽 영토의 첫 시작으로 우리나라에서 해가 가장 먼저 뜨고 가장 먼저 지는 곳이다. 서쪽 끝은 평안북도 용천군 신도면의

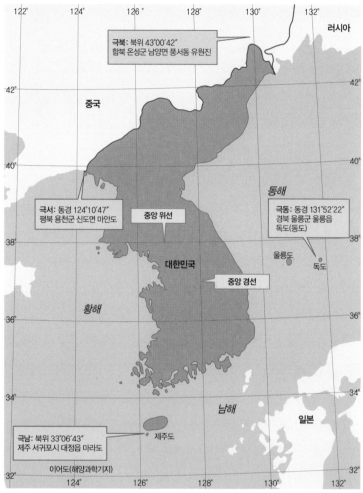

극북: 북위 43˚00'42"
함북 온성군 남양면 풍서동 유원진

러시아

122°   124°   126°   128°   130°   132°

42°   42°

중국

40°   40°

동해

극서: 동경 124˚10'47"
평북 용천군 신도면 마안도

중앙 위선

극동: 동경 131˚52'22"
경북 울릉군 울릉읍
독도(동도)

38°   38°

울릉도

독도

대한민국

중앙 경선

황해

36°   36°

34°   34°

남해

일본

극남: 북위 33˚06'43"
제주 서귀포시 대정읍 마라도

제주도

이어도(해양과학기지)

32°   32°

124°   126°   128°   130°   132°

우리나라의 사극(四極). 남쪽으로는 마라도, 북쪽으로는 유원진, 서쪽으로는 마안도, 그리고 동쪽으로는
우리 땅 독도가 위치하고 있다.

마안도로, 동경 124° 10′ 47″에 위치하고 있다. 서쪽 끝은 우리나라에
서 가장 해가 늦게 뜨고 늦게 진다. 그리고 남쪽 끝을 물으면 대부분 사
람들은 이어도를 대답한다. 하지만 우리나라의 남쪽 끝은 북위 33° 06′
43″에 위치하고 있는 제주도 서귀포시 대정읍 마라리 마라도이다. 이어

도는 마라도 아래에 있는 수중 암초로, 영토로 인정하지 않는다. 마지막으로 북쪽 끝이 어디냐고 물으면 백두산이라고 쉽게 대답하는 경우를 종종 본다. 그러나 북쪽 끝은 백두산이 아니라 북위 43° 00′ 42″에 위치한 함경북도 온성군 남양면 풍서동의 유원진이다. 아무래도 극서인 마안도와 극북인 유원진은 남북 분단으로 인해 우리에게 잘 알려지지 않아서 청소년들이 영토로 인식하는 데 한계가 있다.

한반도의 북방 영토를 보다

통일 한국의 미래에 대한 청사진들이 연일 학계나 언론을 통해 보도되면서 북한에 대한 국민들의 관심은 점점 고조되고 있다. 그동안은 북한의 열악한 경제 부분이 부각되다 보니 통일에 대한 부정적 시각들이 많았다. 하지만 최근에는 남한과 비교할 수 없을 정도로 많은 지하자원, 아시아·유럽을 잇는 도로 및 철도 연결로 물류비용을 절약하고 물류 중심지로서 성장할 수 있다는 평가로 인해 통일에 대한 당위성이 커지고 있다. 그러나 우리나라가 늦장을 부리는 사이 중국의 적극적 자원 외교로 북한 주요 광산의 채굴권이 넘어간 지 오래이다. 헌법에 의하면 한반도 전체가 분명 우리나라의 영토이지만 중국과 러시아 사이에서 국경을 마주하고 있는 북한에 어떤 일들이 벌어지고 있는지 우리는 아직 잘 모른다.

　　중국은 일찍이 동북공정을 통해 우리 민족이 오랫동안 거주한 간도(두만강 북부의 만주 땅) 지역을 영토화하고 있다. 펑청鳳城은 청나라가 자국 영토의 동쪽 끝이라 불렀던 지역이다. 한때 '고려문'이라 불리기

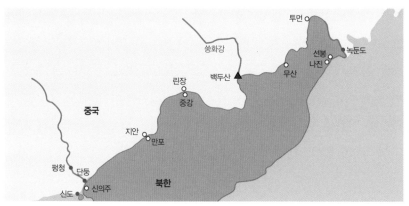
한반도 국경 주변의 분쟁 지역

도 했지만 현재는 중국 영토가 되고 말았다. 이제 중국은 간도 지역을 넘어 국경이 맞닿아 있는 지역들까지 서서히 빼앗아 가고 있다. 압록 강 하구에 위치한 신도薪島는 우리나라의 서쪽 끝(평북)이지만 중국이 영유권 분쟁을 일으키려는 움직임을 보인다. 신의주 너머 단둥丹東은 북·중 밀약에 따라 압록강의 하중도河中島(곡류하천이 유로가 바뀌면서 하천 가운데 생긴 퇴적지형)에 대한 소유권이 결정됐지만, 유량과 토사에 따라 강변에 붙는 경우가 있어 영유권 논쟁이 벌어지고 있다. 쑹화강松花江은 백두산에서 지린성吉林省을 지나 헤이룽강黑龍江과 만난다. 1972년 세워진 백두산정계비에 대한 해석을 두고 중국과 논쟁을 벌였지만 이 역시 중국이 영토화하고 있는 지역이다. 이제 중국은 백두산까지 점령하기 위해 '창바이산長白山'이라는 명칭을 의무화하고 역사를 왜곡하는 일도 서슴지 않고 있다.

비단 중국만이 아니다. 러시아는 아시아의 거점으로 연해주 지역에 대규모 투자와 개발을 진행하면서 녹둔도鹿屯島를 자국의 영유권에 포함시켜 버렸다. 두만강 지역의 하중도인 녹둔도는 우리 역사 속에서 계속 영토로 남아 있던 지역이나, 이 섬이 연해주 쪽에 맞닿으면서 러시아에서 영유권을 가져가고 말았다.

백두산, 어디에 있니?

백두산은 남녀노소를 불문하고 모르는 사람들이 없을 만큼 우리나라를 상징하는 산으로 각인되어 왔다. 심지어 애국가의 첫 소절 "동해물과 백두산이 마르고 닳도록"에 등장할 정도이다. 국가國歌에는 나라가 지향

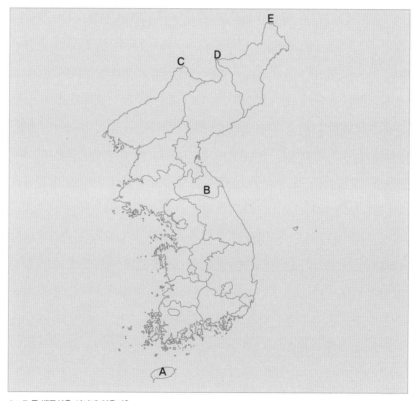

A~E 중 백두산은 어디에 있을까?

하는 바나 그 나라를 상징하는 이미지를 고스란히 담기 마련인데 백두산이 첫 소절부터 등장하기 때문에 우리 민족의 근간임은 두말할 나위가 없다.

　　백두산에 대한 청소년들의 인식 수준을 알아보기 위해 수도권 지역 총 300명(초등학교 5~6학년 100명, 중학교 100명, 고등학교 100명)의 청소년들을 대상으로 간단한 설문을 진행했다.

　　첫 번째 '백두산이라는 이름을 들어 본 적이 있나요?'라는 질문에는 초등학생 1명을 제외한 전 학생이 '예(알고 있다)'로 체크했다. 전체적으로 백두산에 대한 인식 정도가 매우 높다고 평가할 수 있다.

　　두 번째는 '지도에 백두산의 위치를 체크해 보세요.'라는 질문이었다. 과연 우리 청소년들이 백두산의 위치도 정확히 알고 있는지 고민하고 만든 문항이었다. 위 설문 결과 백두산의 위치까지 정확히 알고 있는 청소년은 의외로 많지 않았다. 초등학생은 37명에 불과했고 이 같은 경향은 중학생도 비슷했다. 고등학생의 비율은 63명으로 높아졌지만, 중강진(C)으로 알고 있는 학생들도 못지않게 많았다. 백두산은 어디에 있을까? 앞의 지도에 표시한 나머지 위치는 우리나라 제주도의 한라산(A), 강원도의 금강산(B), 그리고 온성군(E) 등이다. 백두산은 D에 있다.

　　현재 일본의 독도 영유권 주장에 우리나라가 교육을 강화하면서 독도에 대한 위치적 인식은 높아진 반면, 우리 영토 백두산에 대한 위치적 인식은 여전히 낮은 수준이다. 백두산이 우리 땅이라는 근거에 대한 역사적 사실을 학습하는 것은 매우 중요하다. 하지만 그에 앞서, 이름을 알고 또 위치를 정확히 파악하는 것이 영토에 대한 공부의 시작이다. 나라 사랑의 출발은 우리 땅 하나하나가 어디에 있는지 잘 아는 데 있다. 지금 지도를 펴고 이 책의 주인공, 백두산의 위치를 정확히 찾아보자.

백두산, 누구의 땅이니?

청소년들에게 백두산의 이름과 위치를 차례로 설문한 후 이제 백두산을 우리 영토로 제대로 인식하고 있는지 알아보기 위해 다음과 같은 질문들을 진행했다.

첫 번째로, '백두산은 현재 어느 나라 땅인가요?'였다. 청소년들이 백두산을 우리 땅으로 정확히 알고 있는지에 대한 기본적인 질문이었다. 보기는 우리나라 외에도 주변국인 중국, 일본, 러시아, 몽골 등이 있었다.

이 설문에서는 고등학교로 갈수록 우리 영토라는 인식 정도가 높을 것이라는 예상과 달리 오히려 반대의 결과를 보였다. 일본, 러시아, 몽골로는 생각하지 않았으나 중국의 영토라고 생각하는 학생들이 14명이나 됐다. 이는 두 번째 질문, '해당 국가라고 생각하는 이유는 무엇인가요?'에서 원래 우리 영토였으나 중국이 빼앗아 간 것으로 설명하는데서 알 수 있었다.

다음 세 번째, '해당 국가의 영토라는 사실을 어떻게 알게 되었나요?'에 대한 답변으로는 학교, 책, 인터넷, 텔레비전, 기타 등의 보기 중 우리나라라고 정답을 대답한 학생들은 대부분 수업이나 교과서 등 학교 교육으로 배웠다고 했다. 인터넷과 텔레비전 등 미디어를 통해 알게 된 학생들도 14명을 차지했다. 중국이라고 잘못 대답한 학생들 중에도 57명이나 인터넷과 텔레비전을 통해 정보를 얻었다는 데서 미디어가 얼마나 중요한지 실감할 수 있었다.

이처럼 학교에서뿐만 아니라 매체를 통해서도 접할 수 있기 때문에 백두산에 대한 인식 개선은 다양한 분야에서 진행해야 한다. 전 국민이 독도 문제에 대해서는 당연히 우리 영토라는 사실을 인식하고 있어 국내에서는 논란의 여지가 전혀 없다. 백두산도 소중한 우리 영토이다. 꼭 지켜 내야 할 우리 유산이다. 독도처럼 좀 더 풍부한 자료를 제공하고 매체를 통해 적극적으로 알릴 필요가 있다. 이것이 우리가 백두산을 공부해야 하는 이유이다.

우리가 지켜
내 야 할
소중한 영토

독도

독도는 북위 37° 14′ 18″, 동경 131° 52′ 22″(동도 삼각점 기준)로 우리 나라 최동단에 위치하고 있는 섬이다. 독도는 동도와 서도, 두 개의 큰 섬과 그 주변에 89개의 작은 섬으로 이루어져 있으며 총면적은 187,554㎡로 동도 73,297㎡, 서도 88,740㎡, 그밖에 부속 도서가 25,517㎡에 달한다. 일본이 영유권을 주장하면서 분쟁지역화하려는 움직임을 보이고 있다.

이어도

이어도는 북위 32° 07′ 22.63″, 동경 125° 10′ 56.81″에 위치해 있으며, 우리 섬 마라도에서 서남쪽으로 149㎞ 떨어진 동중국해에 있다. 중국의 서산다오(서산도)에서는 287㎞ 떨어져 있다. 일본과 우리나라 사이의 대륙붕인 7개의 해저광구 중 4광구에 속하는 이어도는 중국이 자국의 배타적 경제수역 안에 포함된다고 주장하면서 갈등을 빚고 있다.

녹둔도

두만강 하구에 있던 섬인 녹둔도는 오랫동안 우리 영토였다. 그런데 두만강의 퇴적 작용으로 연해주 방향에 퇴적토가 쌓이면서 러시아와 붙어 버렸다. 북한은 1989년 반환을 요구했지만 실패했고, 1990년 러시아와의 국경조약으로 결국 빼앗겨 버리고 말았다. 그러나 다양한 고지도에서 바라보면 녹둔도가 우리 영토라는 증거는 분명하다.

독도   이어도   녹둔도

02

백두산으로
가는 길

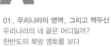

백두산의 수리적·지리적·관계적 위치

'백두산은 어디에 있나요?'라고 누군가 묻는다면 어떻게 대답할 수 있을까? '위도 40°, 경도 128° 지점 근처에 있어요' '두만강과 압록강이 시작하는 곳에 있어요' '중국과 한국 사이에 있어요' 등 다양하게 대답할 것이다. 이처럼 어떤 곳의 위치를 말할 때는 크게 숫자로 표현하는 수리적 위치, 지형지물의 특징으로 표현하는 지리적 위치, 주변 지역과의 관계로 표현하는 관계적 위치로 설명할 수 있다. 이제부터 백두산의 위치를 자세히 알아보자.

우선, 수리적 위치는 지표상 특정 지점의 위치나 장소를 '위도와 경도라는 좌표 개념'을 사용하여 표현한 것이다. 백두산의 수리적 위치는 북위 41° 31′~42° 28′, 동경 127° 9′~128° 55′에 걸쳐 있으며, 총면적은 8,000㎢로 백두산의 동남부는 북한 측에 예속되어 있으나 나머지 지역은 중국 측에 예속되어 행정적으로는 지린성에 속한다. 이때 위도는 적도를 기준으로 하는데 남반구는 남위, 북반구는 북위라고 한다. 위도 1° 간의 거리는 약 111㎞ 정도로 적도와 양극이 큰 차이가 없다. 특정지점의 위도를 알면 해당 지역의 대략적인 '기후'를 파악할 수 있는데, 백두산은 남한 지역과 달리 냉대 기후 지역이다.

경도는 영국의 그리니치 천문대를 지나는 본초자오선本初子午線을 기준으로 하여 지구를 동경으로 180°, 서경으로 180°로 나눈 값이다. 경도 1°의 거리는 적도에서 약 111.32㎞이지만 극에서는 모든 경도 값이 만나기 때문에 그 값은 0이다. 특정 지점의 경도를 알면 해당 지역의 '시간'을 파악할 수 있는데, 우리나라의 중앙을 통과하는 중앙 경선(함흥, 원산, 청주, 대전, 순천을 통과하는 선)은 동경 127° 30′으로, 영국보다 8시간 30분(15°는 한 시간)이 빠르다. 백두산은 영국의 본초자오선을 기준으로 동경 127° 9′~128° 55′에 위치하고 있어 대략 우리나라의 중앙 경선과 일치한다. 하지만 우리나라는 일본과 같이 135°를 표준시로 사용하고 있어, 표준시는 영국보다 9시간이 빠르다.

　　다음으로, 지리적 위치는 지표상 특정 지점의 위치나 장소를 '육지와 해양과의 관계'로 파악한 것이다. 한반도의 지리적 위치는 유라시아의 동쪽에 위치하여 대륙성 기후가 나타나고, 여름과 겨울 계절풍이 뚜렷하다. 백두산의 지리적 위치는 한반도의 최북단 지역에 있으며 해발고도가 높아 남한 지역에 비해 해양의 영향은 거의 없고, 대륙의 영향으로 동절기에 매우 한랭하고 건조한 전형적인 대륙성 기후인 고산 툰드라 기후의 특징을 나타낸다. 백두산의 연평균 기온은 5.4℃이고, 9월 하순부터 이듬해 4월 하순까지 약 8개월간은 월평균 기온이 0℃ 이하로 지속된다. 우리나라의 여름철인 7월이 가장 기온이 높게 나타나지만 일부 지역은 지형에 따라 부분적으로 음지에 결빙되거나 잔설이 남는 곳도 있다. 연평균 강수량은 791.5㎜로 소우지小雨地에 해당하는데, 7~8월에는 비가 내리고 9월부터 이듬해 6월 중순까지는 약 9개월 동안 눈이 내린다.

　　마지막으로, 관계적 위치는 지표상 특정 지점의 위치나 장소를 '주변 지역이나 국가들과의 관계'로 설명한 것이다. 이러한 위치는 시간과 장소에 따라 변하는 특징을 갖는다. 조선 시대에는 중국의 변방에 위치한 주변적 위치였지만 지금은 중국, 러시아, 일본 등 세계 주요 열강의 정치·경제·문화 및 물류·교통의 중심지로 자리 잡아 '동북아시아의 중심'이라 불리고 있다. 백두산은 한반도 역사의 중심에 서 있었을 뿐만 아니라 북방 영토인 간도의 출발점으로서 역할을 담당해 왔다.

서로 다른 수치, 백두산의 높이는 과연 얼마?

'우리나라에서 가장 높은 산은 어디일까요?'라고 물으면 대부분 '백두산!'이라고 자신 있게 대답한다. '그럼 백두산의 높이는 얼마나 될까요?'라고 물으면 '2,744m'라고 정확히 답하는 사람들은 흔하지 않다. 영토 사랑은 작은 관심에서부터 시작한다. 사랑하는 사람의 키, 몸무게, 발 사이즈를 기억하듯이 우리 영토 백두산의 높이 정도는 알고 있어야 하지 않을까? 이제부터 '높이' 대신 '해발고도'로 정확히 표현해 보자.

해발고도란 바다 평균의 해수면인 기준 수준면Datum Level으로부터의 높이를 말한다. 그렇다면 어디를 기준으로 할까? 남한은 인천만의 평균 해수면의 높이를, 북한은 원산만의 평균 해수면의 높이를 기준으로 삼는다. 백두산의 해발고도는 2,744m가 맞을까?

청소년들이 가장 쉽게 찾을 수 있는 방법은 지리부도이다. 책을 보면 북한이 나오고 그 위에 백두산의 해발고도가 있다. 국립지리정보원에서 교육용으로 만든 '어린이 지도 여행' 웹사이트를 봐도 2,744m로 설명하고 있다.

그러나 이를 두고 한국과 북한, 중국이 서로 다른 입장을 펴는 실정이다. 백두산의 최고봉인 장군봉을 기준으로 한국은 2,744m, 북한은 2,750m, 중국은 2,749.2m로 주장한다. 사실 한국은 최근 자료가 아니라 일제 말기인 1944년에 측량한 자료를 근거로 한다. 북한은 1983년의 측량 자료를 근거로 하고, 중국은 자국이 새롭게 측량한 것으로 주장한다. 그런데 요즘 우리나라의 주요 논문과 백과사전 등에서는 백두산의 상승 운동을 들어 북한과 같이 2,750m로 기록하는 사례들이 많다. 과연 백두산의 높이는 어느 것이 정확할까? 이 문제는 세 나라가 함께 풀어 나가야만 하는 숙제이다.

　　백두산은 한반도에서 가장 높은 산이다. 백두산에서 지리산에 이르는 백두대간白頭大幹은 한반도의 기본 산줄기를 이룬다. 장군봉을 비롯해 해발 2,500m 이상의 봉우리는 향도봉, 쌍무지개봉, 청석봉, 백운봉, 차일봉 등 16개에 달한다. 정상에는 거대한 칼데라호Caldera Lake인 천지가 있다. 천지는 면적 9.17㎢, 둘레 14.4㎞, 최대 너비 3.6㎞, 평균 깊이 213.3m, 최대 깊이 384m, 수면 고도 2,257m에 달하는 것으로 보고되어 있지만, 이에 대해서도 세 나라가 서로 다른 수치를 주장한다.

　　2006년 한국의 한 대학에서는 국가 지리정보시스템GIS의 지원을 받아 백두산 천지 주변 주요 봉우리들의 해발고도를 측정했다. 중국 정부가 표시해 둔 '창바이산 천지' 표석 지점 높이는 2,640m로, 북한 영역에 있는 장군봉의 한국 기준 높이인 2,744m보다 104m나 낮은 것으로 나타났다. 또한 중국 쪽 천지 표석 주위에 천지1, 천지2 등을 기준점으로 삼아 북한 쪽에 있는 봉우리인 촛대바위, 바위봉, 천지삼각점과의 거리를 정밀 측량했다. 그동안 3개국의 이해관계가 얽혀 있어 제대로 된 연구가 없었던 게 사실이다. 우리나라는 북한, 중국과 긴밀한 외교 관계를 유지하면서 백두산에 대한 정밀 조사를 진행할 필요가 있다.

백두산으로 가는 길

자, 이제 우리 땅 백두산으로 여행을 떠나보자! 지도를 펴고 서울에서 백두산으로 가는 코스를 그려 본다. 버스를 타고 몇 시간이면 금방이라도 갈 수 있을 것 같은 거리이다. 하지만 남북한이 분단되어 백두산까지

곧장 갈 수 있는 방법은 없다. 중국을 통해서만 열려 있다. 일단 백두산 앞까지 도착했다면, 정상으로 올라가는 길은 중국을 통하는 북파와 서파, 북한을 통하는 동파와 남파로 나뉜다. 그러나 앞서 말한 것처럼 북한 코스는 지금 갈 수 없다. 여기서 '파坡'란 고개나 둑, 제방 등을 뜻한다. 북파라 하면 북쪽 고갯길 정도로 해석하면 된다.

여행 전 가장 먼저 준비해야 할 사항이 무엇일까? 우선 여행 날짜를 잡는 것이다. '아무 때나 그냥 갈 수 있는 게 아닌가요?'라고 생각할 수 있겠지만 천지까지 등반하려면 적당한 여행 시점을 찾는 것이 최우선이다. 한겨울에 여행을 간다고 생각해 보자. 1월, 서울도 무서운 추위가 지속되는데 백두산은 어떨까?

백두산 아래에 자리 잡은 도시들은 평균 기온이 대략 영하 18℃로 매우 춥다. 천지가 있는 백두산 정상은 영하 25℃ 이하로 일반인들은 등반이 불가능하다. 얼음이 녹고 꽃이 피는 봄이면 괜찮을까? 3월에도 천지 주변은 영하 16℃이고, 4월에도 영하 7.5℃나 된다. 그래서 백두산으로 여행을 갈 때는 최적기를 잡는 것이 중요하다. 그 시기가 대략 5월에서 8월 사이이다. 하지만 여름철에도 안개 끼는 날의 일수가 33일이나 되고 국지적으로 비가 많이 내리기 때문에 백두산의 맑은 하늘과 천지의 온전한 모습을 보는 것은 정말 하늘이 허락한 자만 경험할 수 있을 만큼 어려운 일이다.

북파 코스로 가는 방법은 크게 두 가지가 있다. 하나는 9인승 차량이나 지프 차량 등을 이용해 백두산 정상 중 하나인 천문봉까지 이동하는 방법으로, 여행자가 가장 쉽게 즐길 수 있는 방법이다. 다른 하나는 도보 코스로, 매표소를 지나 온천과 비룡폭포를 거쳐 달운과 천지까지 오르는 방법이다. 비룡폭포는 68m에 이르는 거대한 폭포로 수직으

비룡폭포는 그 이름처럼 장대하며 1년 내내 얼지 않기로 유명하다.

백두산 온천 지대의 평균 수온은 60~70°이며, 수질이 좋기로 유명한 관광지이다.

해발 1,800~2,000m에 위치한 고산 화원으로, 희귀한 야생화와 수많은 들꽃들을 볼 수 있다.

금강대협곡은 현재까지 풍화작용이 진행 중이다. 협곡을 따라 맑은 물이 흐르며, 주위에 많은 나무들이 엉켜 자란다.

로 떨어지는 물줄기의 위용이 마치 '용이 하늘로 오르는 것 같다' 하여 비룡폭포라고도 부른다. 북파 코스의 대표 명소이다.

　　서파 코스는 환경 보호 차량을 이용하여 정상부 주차장까지 이동한다. 이후 약 1,400개의 계단을 도보로 오르면 천지에 도착하는 코스이다. 서파 코스는 북파 코스에 비해 길지만 중간에 쉼터가 조성되어 있어 천천히 걸으며 이동하면 비교적 쉽게 오를 수 있다. 이 코스의 가장 큰 장점은 천지까지 이동하는 중에 해발고도 약 2,000m 지점에서 들꽃으로 가득한 고산 화원과 70㎞에 달하는 금강대협곡을 체험할 수 있다는 것이다.

백 두 산 의
여 행 코 스

북파 코스
- 코스: 얼다오바이허(이도백하) → 북파 →
  비룡폭포 → 온천 지대 → 달문 → 천지
- 교통수단: 지프나 버스로 이동
- 선양(瀋陽), 창춘(長春), 다롄(大連) 중 어느 도시
  로 들어가도 상관없으나 국내선을 이용할 경우
  옌지(延吉)를 통해 이동함

서파 코스
- 코스: 서파 → 금강대협곡 → 5호경계비 → 백운봉
- 교통수단: 버스로 가거나 계단을 걸어서 이동
- 선양, 창춘, 다롄에서 보통 버스를 이용하여
  이동함

서파-북파 종주 코스
- 코스: 서파 → 청석봉 → 백운봉 → 녹명봉 → 용문봉 →
  옥벽폭포 → 소천지 → 얼다오바이허
- 산악인들이 즐기는 코스로 서파-북파, 북파-서파 등
  출발점은 바뀔 수 있음

03
미디어 속
백두산

백두산이 광고에 출현하는 속사정

백두산이 텔레비전 광고에 처음으로 등장한 것은 1994년 한 국내 회사의 사이다 광고였다. 백두산 천지를 배경으로 맑고 깨끗한 맛이 살아 있다는 내용이 더욱 부각됐다. 천혜의 풍광을 자랑하는 백두산은 여전히 상품 홍보의 수단으로 각종 광고에 등장하고 있다. 가장 인기 있는 상품은 생수이다. 국내 생수 시장 규모는 2012년 5천억 원에서 2014년 6천억 원에 달할 정도로 매년 급성장하는 산업이다. 생수 시장에서 점유율을 높이기 위해 각 기업들은 최고의 수질을 자랑할 만한 입지를 선정하는데 그 대표적인 장소가 백두산이다. 이유는 스위스 알프스와 러시아 코카서스와 함께 세계 3대 수원지로 손꼽히고 있기 때문이다.

　　백두산의 물은 현무암으로 된 화산 암반층을 거치면서 불순물이 자연적으로 걸러질 뿐만 아니라 미네랄 함유량도 풍부하다. 그래서 최근 국내 기업들이 백두산에 진출하여 공장을 건설하며 생수를 생산하고 있다. 국내 시장에서는 제주 삼다수가 17년 동안이나 1위(42.3%)를 달리고 있으며 혜성처럼 등장한 백두산 백산수가 4위(4%)로 아직 낮지만 점점 높아지는 추세이다. 신기한 것은 두 생수가 남한과 북한의 최고봉인 한라산과 백두산에서 난다는 점이며 둘 다 화산 지형이라는 공통점을 가지고 있다는 점이다.

한중 분쟁을 부른 백두산 광고

2014년 드라마 〈별에서 온 그대〉의 인기로 한류 열풍을 일으켰던 유명

배우들이 중국에서 광고 한 편을 찍었다. 그들이 찍은 광고는 중국 헝다 그룹의 '헝다빙촨恒大冰泉'이라는 생수 광고였다. 이 광고를 계약하고 두 배우는 한동안 국내에서 논란의 대상이 됐다. 이유는 그 취수원이 백두산이 아닌 '창바이산'으로 표기되어 있었기 때문이다. 현재 백두산이 북한령과 중국령으로 나뉘어 관리되고 있는 상황에서 중국은 지속적으로 백두산을 창바이산이라 부르며 동북공정의 야욕을 드러내고 있다. 우리 국민들에게 백두산은 민족의 상징으로 독도만큼 중요한 영토이기에 한동안 이 문제는 각종 언론에서 크게 다루어졌다. 이 사실을 모른 채 광고를 찍었던 두 배우에게 대중들은 곱지 않은 시선을 보내기도 했다.

백두산이 중국 광고에 등장한다는 사실만 볼 때는 국민으로서 뿌듯하다. 하지만 중국이 오래전부터 백두산을 자국의 영토로 만들기 위해 엄청난 노력을 해 왔다는 점에서는 찜찜하다. 지난 1998년 중국 정부는 국무원 비준批准을 거쳐 '백두산 천지'를 '창바이산 천지'로 정식 개칭했을 뿐만 아니라 1999년 중국출판사에서 출간된《중국 지도집》제2판부터는 '백두산 천지'를 '창바이산 천지'로 개정했다. 중국 정부는 백두산 대신 창바이산이라는 명칭만을 사용하면서 동북공정을 가속화하고 있다.

백두산의 물

얼다오바이허(이도백하)

천지에서 발원하는 백두산 물은 중국 지린성 얼다오바이허에 이르러 물줄기가 '두 개'로 나뉜다. 쑹화강 상류인 두 지류가 이곳에서 나뉜다고 해서 붙여진 이름이 이도(二道)이다. 옥황상제로부터 '큰 물줄기(白河)'를 선물 받은 아름다운 청년 '성수'의 전설이 얽힌 곳으로, 물이 맑고 깨끗하기로는 최고이다.

중국 생수의 수원지

백두산은 중국 내 5대 생수 수원지 중 하나이다. 최근에는 세계 최고 수원지로 알려지면서 급부상하고 있다. 간도 지역을 대표하는 쑹화강은 백두산 천지, 두만강은 백두산 북쪽, 압록강은 백두산 남쪽에서 발원하여 그 수량이 매우 풍부하다. 그렇다 보니 2000년대 초반부터 중국의 대형 회사들이 들어와 광천수를 개발하고 있다. 현재 지린성 징위현 경제개발구에는 백두산 생수를 개발하기 위해 와하하·캉스푸·농푸산취안·헝다 생수 등 다양한 회사들이 가득 들어와 있다.

세계 3대 광천수 수원지

백두산 화산 암반수는 러시아 코카커스, 스위스 알프스 등과 함께 세계 3대 광천수의 수원지로 알려져 있다. 20여 종에 달하는 천연 미네랄을 함유하여 맛과 품질이 특히 뛰어나다. 하지만 백두산의 수자원 개발이 진행되면서 생수 회사 간 경쟁과 환경문제가 새롭게 부각되고 있다.

하얼빈 부근에서 바라본 쑹화강

2장

애 들 아,
백 두 산 에
가 자 !

04

백두산,
정말 또
폭발할까?

백두산, 어떻게 태어났니?

지구의 나이는 태양계와 동일하며, 약 46억 년 전에 탄생한 것으로 알려졌다. 달은 지구보다 조금 늦은 약 9,500만 년의 시간이 흐른 후인 44억 7천만 년 전에 원시 지구와 화성 크기의 물체가 충돌하면서 이들로부터 떨어져 나간 물체가 모여 만들어졌다. 태양계가 극심한 변화를 거쳐 질서와 안정을 찾아가듯 지구도 시간이 흐르면서 조금씩 지금의 모습에 이르렀다. 지구는 46억 년 동안 끊임없는 변화를 거듭하며 산과 바다가 생겼고, 많은 시간이 흐른 후에 백두산도 탄생했다.

　　백두산이 있던 곳은 지금으로부터 2,800만 년 전까지만 해도 조용하고 평평한 땅이었다. 그러나 지구 내부의 원인으로 지각의 움직임 속에 땅의 융기와 함께 갈라진 틈을 타고 최초로 현무암질 마그마가 흘

천지에서 내려다본 백두산 전경

제주도 한라산

순상화산 지형

일본 후지산

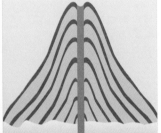

성층화산 지형

제주도 산방산

종상화산 지형

러나오면서 용암대지가 형성됐다. 현무암질 마그마는 1,500만 년 동안 여러 차례 흘러나오며 백두산 일대를 용암대지로 만들었다. 이후 약 천만 년 동안 숨죽이고 있던 백두산은 다시 여러 차례 폭발하며 기울기가 완만한 순상화산 형태의 산으로 만들어졌다. 순상화산이란 점성이 낮아 흐르기 쉬운 현무암질 마그마가 분출하여 퇴적된 것으로, 밑바닥이 넓고 완만한 경사면을 가진 화산이다. 그 모양이 마치 방패를 엎어 놓은 것처럼 완만한 경사를 이루고 있어 방패화산이라고도 한다. 지구상에 존재하는 큰 화산의 대부분은 순상화산이며, 세계 최대의 순상화산은 하와이 섬에 있는 마우나로아 산이다. 우리나라의 경우 제주도 한라산이 순상화산에 속한다.

그런데 백두산을 보면 순상화산이라는 느낌이 들지 않을 정도로 산 정상부에 가까울수록 급경사를 이룬다. 이는 성질이 다른 용암이 계속해서 폭발했음을 의미한다. 실제 백두산은 200만 년 전부터 8만 년 전까지 여러 차례 분화가 있었고, 이때는 현무암질 마그마가 아닌 점성이 높은 조면암질 마그마와 유문암질 마그마를 분출하여 정상부가 우뚝 솟은 성층화산을 만들었다. 성층화산이란 중앙 화구에서 분화가 일어나 용암이 정상 화구에 겹겹이 쌓여 층을 이루는 원뿔형 화산으로, 측면이 가파르며 화산 폭발이 주기적으로 일어나는 특징이 있다. 성층화산을 이루는 용암은 점도가 강해 멀리 퍼져 나가지 못하고 화구 주변에서 굳어져 정상부가 급경사를 이룬다.

지금의 백두산을 보면 '한국의 지붕' 개마고원 일대를 중심으로 해발고도 1,300m까지는 구릉처럼 보인다. 이후 조금씩 완만한 경사를 이루며 2,000m까지 오르다 정상부에 다다를수록 급경사를 이룬다. 산의 모양에서도 알 수 있듯이 백두산은 넓게 펼쳐진 현무암 용암대지 위에 편평한 순상화산이 만들어졌고, 다시 순상화산 위에 급경사를 이룬 성층화산이 만들어진 복합화산이다.

백두산이 꿈틀꿈틀

역사 속에는 백두산이 어떻게 기록되어 있을까?

> 하늘과 땅이 갑자기 캄캄해졌는데 연기와 불꽃 같은 것이
> 일어나는 듯했고 비릿한 냄새가 방에 꽉 찬 것 같기도 했
> 다. 큰 화로에 들어앉아 있는 듯 몹시 무덥고 (중략) 흩날리
> 던 재는 마치 눈과 같이 산지사방에 떨어졌는데 그 높이가
> 한 치가량 됐다.

1702년(숙종 28년) 6월 3일 함경도 부령과 경성에서 벌어진 일을
《조선왕조실록》에서는 위와 같이 기록하고 있다. 천지의 화산 분출은
그전인 1413년과 1668년, 그리고 그 이후인 1903년에도 일어났다.

백두산은 약 천 년 전의 대규모 분화로 현재 모습의 천지를 형성
했다. 가장 최근의 분화 기록은 1903년이다. 따라서 앞으로 분출할 가
능성은 충분하다. 천 년의 잠에서
깨어나기 위해 꿈틀대고 있는 백두
산 화산의 몸부림을 그 어느 때보
다 눈여겨봐야 한다.

역사시대 이후 지난 2천 년
간 주요 화산들의 폭발은 지역을
가리지 않았다. 유럽, 북미, 중남
미, 동남아, 그리고 동북아에서 무
차별적으로 발생했고 초기에는 주

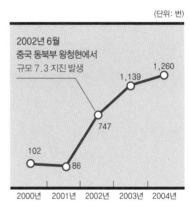

(단위: 번)

2002년 6월
중국 동북부 왕청현에서
규모 7.3 지진 발생

1,260
1,139
747
102
86

2000년 2001년 2002년 2003년 2004년

백두산 일대에서 발생한 지진 횟수

로 용암류, 화쇄류(화산으로부터 분출된 고형물 가운데, 용암 이외의 것을 통틀어 일컫는 말), 화산이류(화산 분출로 쌓인 화산 물질이 비 등의 영향으로 점성이 약해져 멀리까지 흐르는 것을 말한다. 화산이류는 그 규모가 크면 심각한 재해를 일으킨다) 등에 의한 매몰이 주된 피해 원인이었다가 최근에 와서는 쓰나미 등에 의한 피해 규모가 급증하는 경향이다.

최근 일본의 온타케산이 분화한 후, 같은 날 환태평양 지진대에 속한 칠레 페루에서 규모 5.1의 지진이 발생했다. 태평양판과 각 대륙이 만나 '불의 고리'라 불리는 환태평양 지진대는 전 세계 휴화산(현재는 활동하지 않지만 과거에 분화했거나 또는 장래에 분화가 예상되는 화산. 현재는 휴화산도 활화산의 범주에 넣는 추세다)과 활화산 70% 이상이 몰려 있는 지역이다. 1940~1960년대 칠레와 알래스카 등에서 규모 8.5 이상 대지진이 발생한 이후, 약 50년간 조용하던 환태평양 지진대에서 2004년 이후 수차례 대지진이 발생하고 있다.

이 일로 사화산(화산활동이 일어날 가능성이 없는 화산)에서 활화산으로 바뀐 백두산에도 관심이 쏟아지고 있다. 현재는 화산 폭발 징조가 발견되지 않고 있지만 지각 내부가 어떻게 움직이는지 관측하기 어렵다. 판 경계면에 위치한 일본과 달리, 한반도는 판 내부(유라시아판)에 위치해 있다. 하와이처럼 열점 현상(지각변동)이 발생하는 곳에 있지도 않다. 따라서 당장은 화산 분화 위험이 적은 편이라고 전문가들은 설명한다. 문제는 일본 동쪽 해안을 따라 이어진 태평양 지각판이 유라시아판 밑으로 들어가면서 천지 아래의 마그마방(마그마가 많이 쌓여 있는 곳)에 자극을 주고 있다는 점이다. 이전보다 화산 분화 위험이 훨씬 커진 건 사실이다. 특히 백두산은 다량의 화산재를 만들어 내는 조면암질과 유문암질의 점성 높은 마그마가 대부분이라 엄청난 양의 가스 분출을 붙잡아 둘 수 있

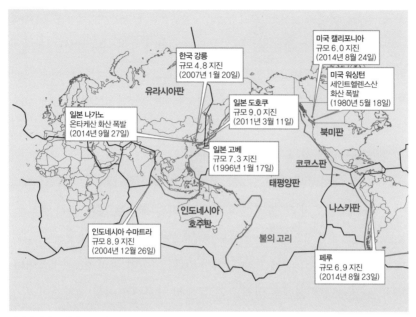

화산과 지진의 위협을 받는 환태평양 지역

다. 점성이 약한 마그마는 가스를 붙잡는 힘이 약해 소규모 분화가 일어나는 반면, 점성이 강한 마그마는 최후의 순간까지 화산가스를 억제해 대규모 폭발로 이어진다.

　　얼마 전 기획재정부는 백두산 분화가 현실화될 경우 한국 경제에 미칠 영향을 분석했다. 일반적으로 화산재가 편서풍과 제트기류(중위도 지방의 대류권과 성층권 경계면에서 부는 아주 빠른 속도의 바람)를 타고 함경북도, 블라디보스토크, 홋카이도 쪽으로 이동할 것으로 보여 우리나라는 화산재에 의한 피해 가능성이 적을 것으로 예상된다. 하지만 예외로 겨울에 분화할 경우, 북풍 또는 북서풍을 타고 우리나라에도 직접 영향을 줄수 있다. 이 경우 수출의 약 25%를 차지하는 항공 운항에 차질이 예상된다. 또한 화산재의 영향으로 야외 활동이 위축됨에 따라 여행 등 서비

스업의 생산과 소비가 위축될 가능성이 있다. 그리고 화산재가 기류를 타고 확산되면서 태양에너지를 반사해 아시아 지역에 이상 저온 현상이 유발될 수 있으며, 이 경우 농업 생산량 저하로 이어져 농산물 가격이 상승될 수 있다.

정말 백두산이 폭발한다면 실제로는 어떤 일이 생길까? 당장 시가지와 도로가 용암과 화산재에 덮여 건물과 집이 무너지고 교통대란이 올 것이다. 또한 발전소 및 통신 전자 기기 등이 미세한 화산진으로 인해 무용지물로 변할 것이다. 유독가스가 발생해 농작물과 동식물이 죽고 화쇄류가 사람들의 폐에 악영향을 끼쳐 막대한 인명 피해를 발생시킬 것이다. 특히 화산재가 태양빛을 차단해 동아시아 전역에 어둠이 찾아오고, 캄캄한 밤이 지속되면서 기온이 낮아질 것으로 예측된다.

천지를 꿈꾸며

우리가 살고 있는 지구는 맨틀의 대류에 의해 지각판이 움직이는데, 이 움직임은 판과 판이 부딪히거나 멀어지는 현상을 만든다. 이때 지진이 발생하고 판의 균열이 생긴다. 이렇게 갈라진 틈 또는 얇아진 지각이나 판의 충돌로 인한 압력 상승으로 판 아래 만들어진 마그마가 지각의 균열을 타고 올라오거나 연약한 지반에 모인 마그마방에 압력이 커지면서 지상으로 올라오는 것이 화산 활동이다. 화산의 분출은 대륙과 해양을 구별하지 않고 발생하며, 특히 환태평양 지진대에 집중적으로 발생하고 있다. 이외에 판의 이동과는 상관없이 화산이 폭발하는 열점hot spot이 있다.

1 백두산 천지
2 한라산 백록담

화산이 폭발하면 화산가스와 화산쇄설물, 그리고 마그마가 흘러 나온다. 지구 내부에 있던 마그마는 약하거나 균열된 지각 사이를 통과하여 지상으로 나오는데, 이러한 화산체의 입구를 화산구 또는 화구라고 한다. 앞서 배운 대로 순상화산, 성층화산, 복합화산은 화구 부분이 커다란 웅덩이처럼 움푹 들어가고, 종상화산은 화구 부위가 종 모양처럼 우뚝 솟구쳐 있다. 이 종상화산을 제외한 화구는 용암이 분출할 때 분출구 가장자리가 병풍처럼 높이 쌓여 굳는데, 이때 화구가 자연스럽게 웅덩이 모양을 이룬다. 이처럼 화구에 물이 고여 만들어진 호수를 화구호라 하며, 제주도 한라산의 백록담이 여기에 해당한다.

순상화산은 주로 현무암질 마그마가 큰 폭발 없이 지표면을 타고 흘러내리는 형태로, 경사면의 기울기가 완만한 것이 특징이다. 대표적으로 제주도는 현무암과 조면암이 섞여 있는데, 우리가 제주도 하면 떠

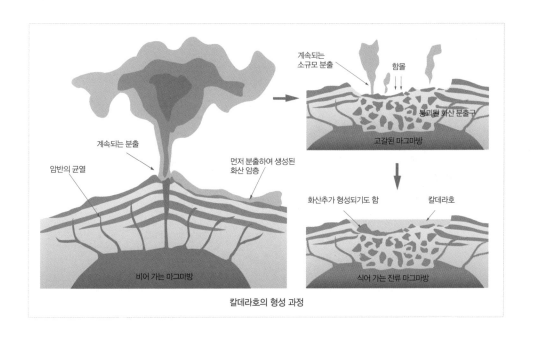

칼데라호의 형성 과정

1   다각형의 긴 기둥 모양을 이루고 있는 독특한 형태의 주상절리
2   주상절리가 형성되어 수직의 물살을 연출하는 제주도 해안의 정방폭포

올리는 돌하르방은 다공질多孔質 현무암으로 철과 마그네슘을 많이 함유하고 이산화규소가 적어 어두운 빛을 띤다. 조면암은 각섬석, 휘석 등 어두운 색 광물을 소량 함유하고 있지만 전체적으로는 회색에 가까운 화성암이다. 제주도는 다공질 현무암이 대부분이며, 조면암은 한라산 정상부와 남부 해안에 많이 분포하고 있는데 주상절리와 풍화작용을 받아 멋진 기암절벽을 이룬 곳이 많다.

화구호는 화산 폭발 후 화산체가 그대로 굳어진 것이라면, 칼데라호는 강력한 화산 폭발과 연관이 있다. 화산 폭발이 강하다는 것은 대량의 화산가스와 쇄설물, 그리고 마그마가 강력한 압력을 받아 일시에 폭발했다고 봐야 한다. 폭발이 강하면 내부에서 대량의 가스와 쇄설물, 마그마가 한꺼번에 나오면서 꽉 차 있던 곳이 일시적으로 빈 공간이 되어 화산 중심부가 넓고 깊게 함몰하는 현상이 벌어진다. 이때 만들어진 함몰 지형을 '칼데라'라고 하며, 이곳에 물이 고여 큰 호수가 되면 '칼데라호'라고 한다. 백두산 천지가 여기에 해당한다.

천지의 이름이 언제, 어떻게 붙여졌는지는 알 수 없다. 다만 구전에 따르면 개벽의 신비함을 간직한 '천상의 호수'라는 뜻으로 이름 지어진 것으로 보인다. 천지는 이외에도 대지臺地, 용왕담龍王潭, 달문담闥門潭, 천상수天上水 등으로 다양하게 불렸다.

백두산에 세 개의 강이 만들어진 배경에도 전설처럼 전해오는 옛 이야기가 있다. 압록, 쑹화, 투먼에 살던 세 선녀가 천지의 경관에 반하여 하늘의 계율을 어기고 목욕하러 내려왔다가, 그중 투먼 선녀의 옷이 물에 떠내려가는 바람에 승천하는 시간을 놓치고 말았다. 이에 천왕이 진노하여 백두산 천지의 물을 세 갈래로 갈라놓아 오늘날의 압록강, 쑹화강, 투먼강이 됐다고 한다.

백두산 천지는 사시사철 마르지 않는 호수로 고위도에 있고, 산 꼭대기에 있어 자연 증발량이 적으며, 천지 주변을 병풍처럼 둘러싼 봉우리들이 호수면보다 500m 정도 높아 물 유입량이 충분하기 때문이다. 천지 규모는 면적 9,165㎢, 둘레 14.4㎞, 평균 너비 1,975m, 최대 너비 3,550m, 평균 수심 213.3m, 최대 수심 384m이다. 천지 호수면의 해발 고도는 2,190m이며, 담수 용량은 약 20.4억㎥이다. 백두산 천지는 세계에서 제일 높다는 남아메리카 티티카카호의 최대 수심 304m, 두 번째인 러시아 라도가호의 최대 수심 225m보다도 더 깊어, 세계 최심最深의 산상 호수로 알려져 있다.

그렇다면 천지의 물은 어디로 흘러갈까? 화구벽이 터져서 생긴 북쪽의 달문을 통하여 비탈을 따라 하류로 1,250m나 흘러내려 비룡폭포에 다다른다. 백두산은 만들어질 당시 지각 상승으로 곳곳에 단층이 생기면서 절벽이 많이 형성됐는데, 비룡폭포도 단층절벽이 만든 작품이다. 비룡폭포에서 떨어진 물은 쑹화강 상류인 얼다오바이허로 흘러간다. 백두산 북쪽에 위치해 있는 얼다오바이허는 백두산 관광의 기점이다. 백두산을 가기 위해서는 중국에서 만들어 놓은 코스로 가야 하므로 얼다오바이허는 백두산을 가는 주요 관문 역할을 한다.

백두산 천지에 있는 물이 천지를 벗어나는 유일한 길은 자연 증발이 아니라면 달문뿐이다. 달문을 통해 유출되는 양은 1일 약 36만㎥ (여름 7월 기준)에 이른다. 얼다오바이허 수문 관리소에서 측정한 자료에 의하면 비룡폭포에서 1년 동안 흘러내리는 물의 양은 0.3866억㎥로 천지 출수량의 93.16%를 차지한다. 연간 증발 수량은 0.0284억㎥로 천지 총 출수량의 6.84%이며, 천지의 넓은 면적에 비해 적은 편이다.

천지에서 직접 흘러나온 물은 아니지만 백두산 지하수가 용출하여 만들어진 남서계곡은 그동안 압록강의 발원지로 알려져 왔다. 그러나 실제 압록강 발원지는 북한 양강도 김형권군의 남쪽에 솟은 명당봉 북동 계곡에서 발원해 백두

화구벽이 터져서 생긴 달문

산의 남서계곡과 합류한다. 압록강은 총 길이 925km로 우리나라에서 제일 긴 강이다. 백두산에서 발원하는 큰 강으로 두만강도 빼놓을 수 없다. 백두산에서 나온 물은 각지에서 몰려온 물줄기들과 합류하면서 무려 610km를 흘러 동해에 다다른다.

천지의 물은 마실 수 있을까? 한여름 천지의 표면 수온은 9.4℃, 내부 수온은 4℃로 웬만한 생물은 살지 못한다. 그리고 10월 중순부터 다음 해 6월 중순까지는 결빙된다. 천지 물은 미생물의 번식률이 매우 낮거나 적어 깨끗하다. 중탄산 함량도 일반 음료수에 비해 약 10배 정도 많다. 천지 주위에 널려 있는 나트륨 장석 때문이다. 따라서 천지 물은 마시면 청량감과 함께 수온이 낮아 시원한 느낌이 든다.

천지의 수원은 빗물이 69.14%, 천지 밑 호수 아래에서 솟아오르는 온천수와 광천수가 30.86%이다. 칼륨, 마그네슘 등 광물질이 리터당 2,000mg 이상으로 풍부하고, 물의 투명도가 14m나 되어 식수로도 이상적이다. 그러나 천지는 화산호이고 또 몇 군데서는 온천이 나오기 때문에 음료수로 적당하지 않은 곳도 있으니 함부로 마시는 것은 삼가야 한다.

세 계 곳 곳
활화산 찾아
삼 만 리

지구에는 얼마나 많은 화산이 있으며, 지금 활동하고 있는 활화산은 얼마나 될까? 이 질문에 답하기에 앞서 먼저 알아야 할 것은 화산의 발생 원인과 지구는 왜 끊임없이 화산 폭발을 하는가이다.

우리가 살아가고 있는 지구는 탄생에서 지금까지 64억 년 동안 끊임없이 변화해 왔다. 지구의 둘레는 약 4만㎞이고, 지구의 지름은 12,800㎞이다. 지구 내부는 내핵·외핵·맨틀로 이루어져 있고, 우리가 밟고 서 있는 지각이 있다. 지구는 중심부로 들어갈수록 뜨거워지는데, 중심에 가까워지면 온도가 5,000~6,000℃에 이를 정도로 엄청나다. 철과 니켈을 주성분으로 하는 내핵은 압력이 높아 고체 상태이고, 내핵과 구성성분이 비슷한 외핵은 밀도 차이로 인해 액체 상태이다.

그리고 지각과 외핵 사이에 있는 맨틀은 액체 상태로, 상하 온도차 때문에 대류 현상이 일어나고 이러한 움직임은 지각의 이동과 변화를 가져온다. 지각은 맨틀의 대류로 인해 우리 눈에는 보이지 않지만 미세하게 움직이고 있다. 밀도가 높고 물렁한 맨틀 위에서 지각은 둥둥 떠 있고, 지각의 두께는 대륙 지각의 경우 32㎞, 해양 지각의 경우 8㎞에 이른다. 맨틀의 대류 현상은 지각을 밀어 올리거나 옆으로 이동시키는 역할을 한다. 이 과정에서 퍼즐처럼 조각나 있는 판들이 이동하며 충돌하고 멀어진다. 대륙판과 해양판이 만나는 경계선에 판과 판 간의 마찰로 인한 지진이 일어나고, 지각에 균열이 생기면 내부 압력이 지각 외부로 터져 나오며, 연약한 지반의 경우 막대한 압력으로 화산 폭발이 이루어진다. 특히 지각의 여러 판 가운데 태평양을 둘러싸는 세계 최대의 화산대인 환태평양 화산대는 전 세계 분화의 70~80%를 차지한다.

하지만 더 놀라운 사실은 이러한 화산대보다 밝혀지지 않은 해저 화산이 더 많다는 사실이다. 대량의 물고기들이 죽은 채 해류를 따라 육지로 밀려오는 것은 대부분 해저에서 발생한 화산 폭발에 무게를 두고 있다.

이제부터 세계의 활화산에 대해 알아보자.

인도네시아의 시나붕 화산

'불의 고리'에 위치해 화산 활동이 활발한 인도네시아에서 2010년 8월 시나붕 화산이 분출했고, 그 후에도 2013년과 2014년 9월에 분출했다. 시나붕 화산은 인도네시아 수마트라 북부의 티가세라카이 마을 인근에 있으며, 산 높이는 2,460m이다. 지난 400년간 휴화산이었던 시나붕 화산이 분출하자 인도네시아 내 다른 휴화산도 분출하는 것이 아닌지 세계의 이목이 집중되고 있다. 인도네시아에는 127개 활화산이 존재한다.

아이슬란드 에이야프야틀라이외쿠틀 화산

아이슬란드의 에이야프야틀라이외쿠틀 화산

아이슬란드는 나라 이름에서 알 수 있듯이 '얼음의 땅'이다. 그러나 화산 활동이 활발한 땅으로 유명하고, 지열(地熱)을 이용한 전기 발전으로 에너지를 대체할 만큼 '뜨거운 땅'이다. 지난 2010년 4월 발생한 에이야프야틀라이외쿠틀 화산 폭발은 유럽 전역을 어둠으로 몰아넣어 천문학적 피해를 남겼다. 아이슬란드에서 발생한 화산재 때문에 유럽의 모든 공항이 문을 닫아 천만 명에 이르는 사람들의 발이 묶였으며, 관광 손실액을 비롯한 각종 산업에 대한 피해 규모는 정확히 파악되지 않을 정도였다. 이 화산 폭발로 지진이 일어나고 빙하가 녹아 홍수가 나는 사태까지 벌어졌다. 아이슬란드에는 에이야프야틀라이외쿠틀 화산 이외에 수많은 활화산이 있으며, 대표적으로 헤클라 화산이 있다.

하와이의 킬라우에아 화산

하와이제도 132개 섬 중에서 가장 늦게 생긴 빅 아일랜드 킬라우에아 화산은 1983년 이후 간헐적으로 폭발을 일으켜 왔으나 2000년대에 들어 더욱 화산 활동이 활발해지고 있다. 화산 폭발로 많은 양의 용암이 지속적으로 흘러나와 바다로 유입되면서 일부 바다가 육지로 변해 섬의 면적이 조금씩 넓어지고 있다. 하와이제도는 세계 최대의 활화산 지대로, 우리나라 제주도나 울릉도와 같이 화산 활동에 의해 만들어진 섬이다.

칠레의 코파우에 화산

칠레와 아르헨티나 국경 지대에 위치해 있는 2,965m 높이의 빙하 덮인 성층화산 코파우에 화산은 지난 2000년 7월부터 4개월간 용암과 화산재를 분출했고, 2012년 5월과 2014년 10월 화산 활동을 시작해 화산재와 연기를 뿜어냈다. 칠레는 인도네시아에 이어 세계에서 두 번째로 많은 3천여 개의 화산이 있으며, 이 가운데 500여 개는 활화산인 것으로 알려졌다.

이탈리아의 에트나 화산

유럽에서 가장 높은 활화산으로 등극한 에트나 화산은 그 높이만 3,323m에 달한다. 기원전 2700년부터 화산 활동을 시작해 현재까지도 활발히 활동하는 유럽 최대의 활화산으로, 이탈리아 남부의 시칠리아 섬에 있다. 불의 신 '불카누스(Vulcanus)의 대장간'이라는 신화를 가지고 있는 에트나 화산은 1970년 이후로는 거의 10년마다 한 번씩 폭발을 일으킨다. 260개의 기생화산을 가지고 있으며, 주변의 경치가 아름다워 관광지로 꼽힌다. 국제 화산 연구소가 있다.

로마 폼페이의 베수비오 화산

역사 속에서 우리에게 가장 잘 알려진 화산재해 중 하나는 바로 79년 8월 24일 폭발한 베수비오 화산일 것이다. 이 화산이 폭발하면서 무려 3~6m 두께에 이르는 화산재가 폼페이로 쏟아져 내렸고, 화산 폭발과 함께 찾아온 지진과 화산가스는 도시 전체에 퍼졌다. 갑자기 닥친 엄청난 재앙

일상생활을 하던 도중에 화산재가 덮여 화석이 되어 버린 폼페이 사람들

에 시민들은 도시를 빠져나가지 못해 화산재에 그대로 묻혔다. 그리고
화산 폭발이 끝난 뒤 내린 비로 도시 전체를 덮고 있던 3~6m의 화
산재는 석고처럼 굳어 버렸다. 앞으로는 푸른 지중해를 마주하고,
뒤로는 베수비오 산이 우뚝 선 로마 귀족들의 멋진 휴양지였던 고대
도시 폼페이는 이렇게 허무하게 사라져 버렸다. 이후 폼페이는 로
마 귀족들의 휴양 도시이자 농업과 상업의 중심 도시였다는 문헌
상의 기록만 존재할 뿐 실제 그곳이 어떠했는지, 또 어디였는지
는 그동안 정확히 밝혀지지 않았었다. 그러던 중 1599년 수로
공사를 하다가 우연히 폼페이 유적이 발견되면서 역사 속에 모습
을 드러냈고, 현재까지 도시 전체의 3분의 2가 발굴됐다.

인도네시아 숨바와섬의 탐보라 화산

1816년은 소위 '여름이 없던 해'였다. 지구 전체가 지독한 추위로 빙하기의 도래를 걱정해야 했
다. 1816년이 이토록 추웠던 이유는 무엇일까? 바로 1815년 4월 5일 인도네시아 숨바와섬의
탐보라 화산이 분출했기 때문이다. 원래 산의 높이는 4,000m가 넘었는데 그때의 폭발로 윗부분
의 절반 가까이가 날아가 2,821m가 됐다고 한다. 폭발 당시 화산재는 1,300㎞까지 날아갔고 9
만 명이 넘는 사람이 목숨을 잃었다. 또 수억 톤의 화산재와 먼지가 햇빛을 막아서 세계의 평균
기온까지 1도나 낮아졌다. 사흘 동안 낮이 밤처럼 어두웠고, 이듬해 여름에는 너무 추워서 농사
를 지을 수 없었다. 그해에는 전 세계적으로 흉년이 들었다. 기상 변화까지 일으키며 지구 전체를
흔든 무시무시한 화산 폭발이었다.

05

백두산,
천혜의
자연환경

백두대간의 시작

백두산은 성스러운 산이라는 뜻에서 성산聖山 또는 신산神山이라 한다. 〈단군신화檀君神話〉를 통해 알 수 있듯이 백두산은 우리 민족 오천 년 역사가 시작된 곳이며 고조선 이래 부여, 고구려, 발해 등이 백두산에 국가의 기원을 두고 있다. 백두산은 우리나라 산맥의 기둥 역할을 하며, 삼천리강산을 뻗어 나가는 백두대간의 출발점이다.

　　백두대간이란 무엇일까? 한자를 풀면 간幹 자는 줄기, 기둥, 뼈대를 의미한다. 즉 백두대간은 백두산에서 출발하여 남으로 뻗어 내려가는 큰 줄기 또는 뼈대를 말하며, 한반도 산맥의 큰 줄기를 지칭한다. 따라서 백두대간이란 백두산에서 남쪽으로 낭림산, 금강산, 설악산, 오대산을 거쳐 태백산에 이른 뒤 다시 남서쪽으로 소백산, 월악산, 속리산, 덕유산을 거쳐 지리산에 이르는 대한민국 산의 큰 줄기를 이루는 산맥을 말한다. 백두대간의 총 길이는 약 1,625㎞에 이르고, 그중 남한의 백두대간은 진부령에서 지리산까지 약 690㎞에 이른다. 그러나 산의 특성상 오르내림이 많고 좌우 굴곡이 많아 실제 거리는 약 두 배인 1,300~1,500㎞에 이르는 것으로 알려져 있다. 흔히 백두대간을 종주했다고 하면, 설악산에서 출발하여 지리산까지 가는 여행을 말한다.

　　그러나 백두대간을 백두산에서

백두대간을 나타내는 표지석

〈근역강산맹호기상도權域江山猛虎氣象圖〉. 우리 국토가 마치 포효하는 호랑이처럼 금방이라도 뛰어나갈 듯 그려져 있다.

백두대간은 백두산에서 지리산까지 이어지는 크고 긴 산줄기이다. 이를 중심으로 한반도의 맥이 모두 연결되어 있다.

한라산까지 연장해서 보는 견해도 일부 있다. 이는 지리적 개념으로 보는 경우와 풍수지리 입장에서 보는 차이일 수도 있고, 국토의 산맥을 해석하는 데 있어 어떤 관점에서 보느냐에 따라 달라질 수 있기 때문이다.

　　그렇다면 백두대간이라는 용어는 우리나라 역사에서 언제부터 사용됐을까? 정확한 연대는 알 수 없으나 문헌상에 등장하는 것은 이익의 《성호사설星湖僿說》이다. '성호'는 이익의 호이고, '사설'은 요즘으로 말하면 일종의 잡서를 뜻한다. 《성호사설》은 이익이 평소 학문을 연구하면서 의심스러운 것이나 제자들과의 문답을 기록해 놓은 것을 정리한

책이다. 이익은 조선 시대 대표적인 실학자로, 관직의 길을 걷지 않고 초야에 묻혀 학문에 전념하며 많은 제자를 길러 냈다. 특히 정약용에게 많은 영향을 미쳤다. 이익의 《성호사설》에 백두대간이라는 용어가 등장했다는 것은 이미 당시에 백두대간이 보편적으로 사용되고 있었다는 것을 방증한다.

백두산이 조선의 영토로 편입된 것은 태종과 세종의 4군 6진 정책(여진족을 몰아내고 설치한 행정 구역)에서 시작된다. 한반도 오천 년 역사에 백두산이 등장하지 않는 시점은 발해의 멸망과 고려 시대이다. 발해가 926년 거란에 의해 멸망하면서 백두산은 우리나라 역사에서 사라졌다. 이후 조선의 태종이 북진정책을 실시하고, 세종이 그 뜻을 이어받아 4군 6진을 완료한 1440년까지 백두산은 거란족과 여진족을 비롯한 다른 민족의 각축장이었다. 4군 6진이 완료됨으로써 지금의 한반도 국경선인 압록강과 백두산, 그리고 두만강을 잇는 경계가 완성된 것이다. 그렇기 때문에 백두대간이라는 용어가 역사에 등장한 것은 세종에서부터 시작됐다고 추정해 볼 수 있다.

왜 이름이 백두산이니?

매년 10월 3일은 우리나라의 건국기념일인 개천절開天節이다. 개천절이 국경일로 정해진 이유에는 백두산이 그 중심에 있다.

개천을 한자 그대로 해석하면 '하늘이 열렸다'는 뜻이다. 환웅이 처음 하늘 문을 열고 지상으로 내려와 태백산(지금의 백두산) 신단수神壇樹에서 '널리 인간을 이롭게 한다'는 홍익인간 이념을 펼쳤다. 기원전

2,333년 환웅의 아들 단군왕검이 그 뜻을 이어받아 개국開國, 즉 나라를 세웠다. 단군왕검이 고조선을 세운 날이 곧 개천절인 것이다. 일연의 《삼국유사三國遺事》에도 태백산이 분명히 명기되어 있다. 태백산은 크고 흰 산이라는 뜻이다. 2,300여 년 전 중국 고서 《산해경山海經》에는 밝은 산이라는 이름의 불함산不咸山이 기록되어 있다. 이 책의 제작 연대는 기원전 3세기경으로 추정하고 있으며, 고조선의 지배를 받는 숙신국肅慎國의 산으로 나온다. 중국은 기원전 3세기경 이전부터 불함산이라고 부른 것으로 보인다.

백두산을 개마대산으로 기록하기도 했다. 고구려 주변에 위치했던 개마국은 고구려와 동옥저 사이에 위치한 개마대산 아래에 있던 작은 나라였다. 《삼국사기三國史記》에 의하면 개마국은 26년 고구려에 복속됐고, 개마국 주변에 있던 다른 나라들도 차례로 고구려에 복속되면서 개마대산의 상당 부분이 고구려의 땅으로 편입됐다. 중국에서 백두산을 창바이산이라고 부른 것은 10세기 전후로 보인다. 원래 창바이산은 장백산맥을 이야기하는 것이고, 산의 주된 봉우리 이름은 백산이라 했다. 그런데 산맥과 산의 최고봉이 혼용되면서 장백산맥과 백두산을 창바이산으로 같이 기록하는 경우도 있었다.

그렇다면 '백두산'이라는 이름은 우리나라 역사에서 언제부터 사용했을까? 이 이름이 처음 나타난 것은 고려 충렬왕 때 일연이 정리한 《삼국유사》이다. 고구려, 백제, 신라 삼국에 관해 예부터 전해 내려오는 기록을 묶은 이 책에 따르면, 백두산은 7세기 이전 고구려에서 먼저 지어 불렀던 것으로 보인다. 고구려 때의 태백산을 신라에서는 백두산이라 부른 것으로 기록하고 있어, 태백산이라는 이름은 사라지고 백두산이라는 이름이 본격적으로 쓰인 것으로 보인다.

또 《고려사》에도 보면 "압록강 밖의 여진족을 쫓아내어 백두산 바깥쪽에서 살게 했다."라는 문헌 기록이 있다. 고려 의종毅宗 때 문신 김관의가 지은 《편년통록編年通錄》을 보면 고려를 개국한 태조 왕건과 백두산에 얽힌 내용이 나온다.

이름난 호경이란 자가 있어 자칭 성골장군이라 했다. 백두산으로부터 여러 곳을 두루 살피며 다니다가 부소산 왼쪽 골짜기에 이르러 장가들어 집을 이루었는데 재물은 있으나 자식이 없어 사냥으로써 일삼아 왔다. (중략) 당시 동리산 스님 도선이 당나라에 들어가 일행선사의 지리법을 배우고 나와서 백두산에 올라갔다가 흑령에 이르렀다. 도선이 세조(태조 왕건의 아버지 왕릉으로 추존)가 새로 집을 세우는 것을 보고 말하기를 "피 심을 곳에 어찌 삼을 심을꼬." 하고는 가 버렸다. 부인이 그 말을 듣고 세조에게 고하므로 그가 급히 달려가 본즉 구면 같더라. 드디어 함께 흑령에 올라가서 산수의 맥을 살폈는데 위는 천문을 보고 아래는 지수를 살펴보고 말하기를 "지맥이 북쪽의 백두산으로부터 물이 나무줄기를 깨고 내려와서 마두에 떨어졌으니 명당이다. 그대 또한 수성의 명수이니 물의 큰 운수를 따름이 좋을 것이며, 집을 66으로 하여 36구로 지으면 곧 천지의 큰 운수가 부응되어 명년에 반드시 성자를 낳을 것이니, 이름은 왕건이라 함이 좋으리라." 했다. (하략)

백두산은 〈단군신화〉에서 출발해 애국가까지 반만년 역사를 지나 한민족과 함께 유구한 세월을 이어 오고 있다.

그런데 왜 많은 이름 중에서 백두산이었을까? 패권이 바뀔 때마다 그 지역을 점령했던 나라들이 그들의 언어로 이름을 짓기도 했고, 기존의 산 이름을 그대로 쓰기도 했다. 그중 가장 많이 사용한 이름은 태백산과 백두산, 그리고 창바이산(장백산)이다. 이들 산 이름의 특징은 모두 한자 백白 자가 있다는 것이다. 이는 산의 모습을 그대로 표현한 것이다. 민족이 바뀌고, 지배자가 바뀌고, 역사가 흘러도 백두산의 이름에 백 자가 모두 들어간 것은 백두산의 정상 모습이 흰색에 가깝기 때문이다.

백두산은 오랜 세월 동안 여러 차례 폭발을 거쳐 용암대지와 화산추에 해당되는 산 정상부가 만들어지면서 회백색의 부석浮石이 많이 쌓여 있다. 부석은 화산의 용암이 갑자기 굳어진 돌을 일컫는 말로, 작은 구멍이 있어 단단하지 못하고 물에 뜰 정도로 가볍다. 경석輕石이라고도 하는데 대부분 돌 안에 작은 구멍이 많은 다공질이다.

이외에도 백두산에 백 자가 들어간 이유는 1년 중 8개월을 눈 덮인 산으로 있기 때문이다. 백두산의 연평균 기온은 매우 낮아 영하 7.3℃이고, 연중 최저 기온은 영하 44℃에 달한다. 따라서 회백색 부석과 산 정상부에 쌓인 눈의 영향으로 멀리서 보면 흰색으로 보인다. 백두산이 역사의 흐름 속에서 변함없이 '흰머리 산'으로 명명된 이유가 여기에 있다.

변덕쟁이 백두산

백두산의 날씨는 몇 분 앞을 예측하기 어려울 정도로 변화가 심하다.

하루에도 여러 번 숨바꼭질하듯 오가는 날씨 때문에 산을 찾는 이들에게 기쁨을 주기도 하고, 때로 아쉬움을 주기도 한다. 특히 천지의 날씨는 변화가 극심해 해가 떠서 천지가 장관을 이룬다 싶으면 갑자기 돌개바람이 불며 안개가 끼고, 곧바로 우박이나 눈이 내리거나 많은 바람이 불어 서 있기조차 힘들어진다. 백두산 상층부와 천지 일대는 우리나라에서 기후 변화가 가장 심한 곳이며 전형적인 고산지대의 특성을 두루 갖추고 있다. 백두산의 기후가 들쑥날쑥한 것은 습한 공기와 건조한 공기, 따뜻한 공기와 차가운 공기가 정상부에서 만나기 때문이다. 백두산의 북쪽은 아시아 대륙과 접해 차고 건조한 대륙계절풍이 빠른 속도로 들어오고, 동해 쪽에서는 따뜻하고 습한 해풍이 들어와 만나면서 예측하기 힘든 기상 변화가 일어난다. 백두산의 기온은 북쪽과 서쪽이 낮고, 남쪽과 동쪽이 높다. 중국은 백두산의 변화무쌍한 기상을 관측하기 위해 1958년 천지기상관측소를 세웠다. 백두산 북쪽 화산 화구에서 제일 높은 천문봉(2,670m) 아래에 위치한 이 관측소는 동북아시아에서 가장 높은 곳에 위치해 있으며, 악천후에 관광객이 대피할 수 있는 시설 또한 갖춰져 있다. 관광객 30명 정도를 수용할 수 있지만, 관측소 운영 기간은 6월부터 9월까지 4개월여에 불과하다. 나머지 9개월가량은 폭설과 우박 등 날씨 변화가 심해 입산을 통제한다.

백두산은 해발고도가 높아 안개가 자주 발생하므로 연평균 일조량이 다른 지대보다 50% 내외로 현저하게 낮은 편이다. 안개가 끼는 날이 1년 중 240일이나 이른다. 여름에는 많은 비가 내려 흐린 날이 많고, 9개월간 이어지는 기나긴 겨울에는 거의 매일 눈이 내린다. 물론 저지대는 맑은 날이 많고 일조량도 좋은 편이지만 백두산 정상은 언제나 많은 바람과 비, 눈 때문에 일조량이 낮다.

1 해발고도에 따른 백두산의 다양한 식생 분포
2 백두산에 펼쳐 있는 야생화밭

백두산 천지의 연평균 강수량은 1,332㎜이지만, 해발고도가 낮아 질수록 강수량은 줄어들어 허룽和龍 지역의 경우 500㎜에 불과하다. 백두산에서 강수량이 가장 많은 곳은 남쪽 경사면으로 2,500㎜에 이른다. 이것은 남동쪽에서 불어오는 습한 공기가 산 정상으로 오르면서 냉각되어 비로 내리기 때문이다. 비가 가장 많이 내리는 기간은 7~8월로 월평균 300㎜나 내리며, 가장 적게 내리는 기간은 12월에서 1월로 월평균 10㎜를 조금 넘는다. 우리나라의 연평균 강수량이 1,300㎜인 것을 감안하면 백두산 정상부는 우리나라 평균과 동일하다.

백두산의 기압은 우리나라에서 제일 낮다. 백두산에서 물의 끓는점은 90℃이므로 밥이 잘 되지 않는다. 일반적으로 2,000m씩 고도가 상승할 때마다 기압은 0.12hPa(헥토파스칼)씩 감소하므로 백두산 정상(2,750m)에서는 기압이 0.16hPa 낮아진다. 정상에서 물의 끓는점을 높이기 위해서는 압력솥의 원리를 이용해 냄비에 돌을 올려놓아 내부 압력을 높여주면 된다.

백두산은 겨울이 길고, 봄과 가을이 짧은 특성을 가지고 있으며, 여름이 없다. 해발고도 1,800m까지는 온대기후에 속하지만 1,800m에서 백두산 정상까지는 고산 한대기후로 봐야 한다. 백두산 정상의 한해 평균 기온을 살펴보면 영하 8℃이고, 최고 기온은 평균 18℃, 최저 기온은 영하 20℃를 넘나든다. 해발고도 2,000m 이상에서는 1년 중 몇 개월을 제외하곤 눈과 얼음으로 덮인 영구동결층이 있다.

백두산의 연평균 풍속은 11m/s에 이르고, 정상부는 매우 세찬 바람이 불어 사람이 서 있기도 힘들다. 특히 겨울철의 경우 평균 풍속이 40㎧에 이를 정도로 거세다. 백두산 천문봉에 위치한 천지기상관측소에서 측정한 순간 최대 풍속이 78m/s에 이른 경우도 있다.

한편 백두산은 지질의 특성과 해발고도에 따라 다양한 수직적 식생 분포를 나타낸다. 백두산에는 약 2,400여 종의 식물이 분포되어 있는 것으로 알려져 있다. 해발고도 1,100m 아래에는 활엽과 침엽이 섞여 자라고 있으며, 침엽수로는 자작나무와 홍송이 있고 활엽수로는 단풍나무가 많다. 1,800m 이하에서는 침엽수와 활엽수가 함께 자라고 있으나 고도가 높아질수록 침엽수의 분포가 월등히 커진다. 침엽수로는 전나무, 잣나무, 미인송이 있고 활엽수로는 사시나무, 가래나무가 있다. 2,000m 아래로는 사스래나무 군락이 장관을 이루고 있으며, 화산추에 해당하는 2,000m 이상 고지대에서는 작은 나무와 이끼류가 자라고 있다. 천지 주변에는 이끼류와 노란만병초가 많이 자란다.

백두산의 신비로운 자연현상

백두산에는 겨울철에 대전(帶電)현상과 코로나방전이 많이 나타난다. 대전현상이란 어떤 물체가 전하를 띠는 현상으로, 흔히 마찰에 의해 발생하는 정전기를 연상하면 된다. 코로나방전은 뾰족한 모양의 전극 주변에서 발생하는 방전현상으로, 보통 한쪽 전극의 주변에만 전기장이 집중할 때 일어나는 현상이다.

겨울철에 백두산은 입산 통제를 하기 때문에 이러한 현상을 일반인이 접하기는 어렵다. 그러나 만약 겨울철에 백두산을 등반하게 된다면 어느 순간 머리카락이 전기를 띠며 바늘로 찌르는 것처럼 느껴지는 때가 있을 것이다. 특히 털 많은 동물들이 눈 속을 뒹구는 모습을 본다면, 전기 자극으로 고통을 느끼는 동물이 방전을 위해 눈에 몸을 비비는 것으로 생각하면 된다.

백두산 천지에는 용오름도 가끔 나타난다. 용오름이란 상층 공기는 매우 차갑고 하층 공기는 매우 따뜻한 경우, 하층의 따뜻한 공기가 급하게 상승하며 소용돌이를 일으키고 이때 갑자기 생긴 저기압 주변으로 한꺼번에 모여든 공기가 나선 모양으로 돌면서 일어나는 바람이다. 흔히 돌개바람, 회오리바람, 토네이도(국지성 초저기압)라고 한다. 발생 장소가 천지 수면일 경우, 아래는 좁고 맹렬한 소용돌이가 일어나며 위는 큰 깔때기 모양으로 구름이 형성된다.

용오름의 회전이 강력하면 천지의 물을 끌어올려 커다란 물기둥이 형성되고, 심한 경우

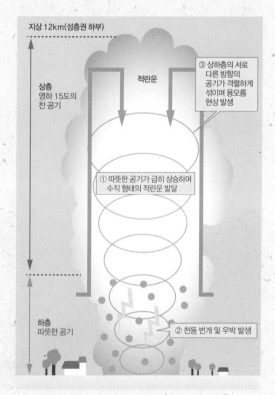

지상 12km(성층권 하부)

상층
영하 15도의
찬 공기

적란운

③ 상하층의 서로 다른 방향의 공기가 격렬하게 섞이며 용오름 현상 발생

① 따뜻한 공기가 급히 상승하며 수직 형태의 적란운 발달

하층
따뜻한 공기

② 천둥 번개 및 우박 발생

용오름 현상의 원인

높이가 수십 미터에 이르기도 한다. 천지 주변에는 온도차로 물안개가 낄 수 있다. 천지에서 발생하는 용오름을 보고 옛 선인들은 용이 사는 못이라 하여 '용담'이라고 했고, 용오름의 크기가 어마어마해 용 중의 왕이라 하여 '용왕담'이라 부르기도 했다.

대전현상과 용오름 외에 특이한 자연현상으로, 사계절의 구별이 뚜렷하지 않고 모든 계절이 동시에 나타난다는 것이다. 천지의 물이 꽁꽁 얼고 얼음의 두께가 2~3m에 이르는 영하 30℃의 엄동설한에도, 백두산 일부분은 봄이나 여름처럼 새싹이 돋고 이끼가 자라기도 한다. 다름 아닌 온천수가 솟아나는 곳이다. 이곳은 계절에 관계없이 늘 따뜻하고 습하다.

백두산에서 자주 목격되는 특이한 자연현상으로 쌍무지개도 꼽힌다. 무지개는 대기 중에 떠 있

천지를 오르는 길에 만날 수 있는 쌍무지개

는 물방울이 태양광선을 받아 반사 굴절되어 반원형으로 나타나는 일곱 색깔의 띠로, 비가 멎은 뒤 해의 반대편에서 나타난다. 서로 다른 색의 광선은 다른 굴절률을 가지고 있고, 이 차이가 일곱 색깔 무지개를 만든다. 쌍무지개라 불리는 소위 2중 무지개는 물방울 안에서 빛이 2회 굴절되고 2회 반사되어 만들어지는 자연현상이다. 반사의 횟수와 물방울의 크기 차이가 다양하다면 3~4중 무지개도 만들어질 수 있다. 백두산에 쌍무지개가 뜨는 곳은 보통 천지 주변으로, 비가 온 후 기상 변화가 심한 상태에서 만들어지는 경우가 있다. 천지 위에서 비가 오다 갑자기 비가 멎고 먹장구름이 흰 구름으로 바뀌고 흩어지면서, 남아 있던 물방울들이 천지호반 위에 거대하고 멋진 쌍무지개를 만든다. 쌍무지개는 우리가 쉽게 목격하기는 어렵지만 백두산 어디서나 아름다운 경관을 만날 수 있다.

06

화산 활동이 만든 신비로운 지형들

화산 활동이 만들어 낸 지형

화산에는 땅속에 있던 마그마와 가스 등이 지각의 갈라진 틈으로 분출하는 열하분출형과 한 개의 수직한 화도火道로 분출하는 중심분출형이 있다. 두 유형은 분출 방식 차이만큼 화산의 표면 구조, 즉 모양에도 커다란 차이가 있다. 그중 중심분출형의 경우, 마그마의 점성(끈끈한 성질) 차이에 따라 폭발형 화산과 분출형 화산으로 나뉜다. 여기에서 주목해야 하는 것은 화산의 모양을 결정하는 데 가장 중요한 역할을 하는 것이 바로 마그마의 점성이라는 것! 마그마의 화학적 조성, 즉 어떤 암석이 많이 녹아 있는지에 따라 완전히 다른 화산의 모양이 형성되기 때문에 화산 활동이 만들어 낸 지형을 알려면 마그마의 종류를 알아야 한다. 우리가 알고 있는 마그마는 모두 동일한 것 같지만 화학적 조성에 따라 많은 차이가 있다. 그렇다면 마그마는 어떤 것이 있을까?

화산 활동이 만들어 낸 다양한 색과 모양의 암석들이 천지를 오르는 길목에 자리 잡고 있다.

천지에서 바라본 장군봉(백두봉). 백두산에서 가장 높은 봉우리로 해발 2749.6m이며 북한 측에 위치하고 있다.

백두산 폭발 시 흘렀던 마그마가 다양한 형태의 암석을 만들어 냈다.

마그마는 아래의 세 가지 종류로 분류된다.

현무암질 마그마

철과 마그네슘 함량이 많고 이산화규소의 함량이 적어 암회색이나 어두운 색을 띤다. 사장석, 휘석, 감람석 따위를 주성분으로 하는 염기성암이며 일반적으로 치밀해 보이나, 구멍이 많은 경우도 많다. 점성이 약해 잘 흐르므로 높은 화산추를 만들지 못하고 넓은 용암대지를 만들거나 순상화산을 만든다.

안산암질 마그마

작은 알갱이로 이루어진 세립질로, 성질상으로는 섬록암과 비슷하다. 기둥 모양의 규칙적인 결이 있는 것이 특징이고 사장석, 각섬석, 휘석, 흑운모 등을 함유하고 있어 회색이나 황색, 연분홍색을 띠며 현무암에 비해 밝은 편이다. 염기성암이며, 점성이 현무암질 마그마와 유문암질 마그마의 중간이다.

유문암질 마그마

철과 마그네슘 함량이 적고 화학적 조성이 화강암과 거의 비슷하다. 석영, 알칼리 장석, 흑운모, 휘석 등으로 이루어져 있고 점성이 매우 강해 폭발형 화산에 주로 나타나며, 성층화산이나 종상화산을 만든다.

화산의 형태는 마그마의 성질이 차지하는 비중이 절대적이다. 점성이 강할수록 멀리 흘러가지 못하므로 원추형의 산을 만들고, 점성이 약하면 경사면을 따라 멀리 흘러가 넓은 용암대지를 만든다.

마그마의 성질에 따른 화산체의 유형을 알았다면, 이제는 분화구에 대해 알아보자. 지각의 갈라진 틈이나 수직한 용암 화도를 통해 화산이 폭발하면서 만들어진 분화구는 형태에 따라 화구와 칼데라로 나뉜다.

분화구는 화산이 폭발하여 나오는 가스나 수증기, 화산쇄설물, 마그마 등이 분출되는 출구를 말한다. 폭발형 화산의 경우, 화산 활동이 끝나면 종상화산을 제외하고 대부분 분화구가 움푹 들어간 형태의 오목한 화구가 생긴다. 종상화산은 마그마가 화구 위로 종처럼 올라와 둥그런 돔형의 모양을 만들며, 굳어지면서 분화구를 막아 화구가 형성되지 않는 경우도 있다. 화구가 생기는 이유는 화산가스와 마그마가 폭발하여 분출한 후 화도에 있는 마그마가 식으면서 부피가 줄어들어 일정 부분 밀려 내려가는 것이다. 이때 분화구는 오목하게 만들어진다. 화구의 크기는 화산 폭발의 규모에 따라 수십에서 수백 미터에 이르도록 다양하다. 화구의 깊이도 자연이 만드는 것이라 규격이 없어 모두 다르다. 화구에 물이 고여 호수를 이루면 화구호라고 한다. 제주도 한라산의 백록담이 대표적이다.

칼데라는 화산이 폭발을 마친 후 분화구의 붕괴(함몰)로 인해 만들어지는 것이다. 대체로 많은 마그마의 급격한 분출로 인해 만들어진다고 알려져 있다. 화산이 대량의 용암을 급격히 분출하면서 마그마방에 빈 공간이 생겨 그곳을 채우기 위해 무너져 내리는 것이다. 대부분 성층화산에서 발생하지만 복합화산에서 발생하는 경우도 있다. 분화구가 함몰되면 자연스럽게 칼데라 주변 내측에 수직 벽이 생기고, 산 정상에 커다란 구덩이가 만들어진다. 그 안에 물이 고여 호수를 이루면 칼데라호가 된다. 백두산 천지는 칼데라호이고, 울릉도 나리분지는 칼데라 지형이다.

화산 활동이 만들어 내는 지형으로 용암대지도 빼놓을 수 없다. 용암대지는 지하 마그마의 대류와 상승 압력으로 인해 지각이 융기하고, 지각의 갈라진 틈으로 대량의 마그마가 분출되면서 생긴다. 이때 용암이 높고 평평한 대지가 만들어지기 위해서는 점성이 적어 잘 흐르고 넓게 퍼지는 현무암질 마그마가 대량으로 나와야 한다. 실제 용암대지는 현무암대지라고 할 정도로 대부분 현무암으로 구성되어 있다. 점성이 약해 경사면을 따라 완만하고 널리 퍼지는 성질 때문에 용암대지는 화산 지형 가운데 가장 면적이 넓다. 세계적으로는 인도의 데칸 고원과 북아메리카의 콜롬비아 고원이 있고, 우리나라에도 백두산의 개마고원, 신계·곡산 용암대지, 철원·평강 용암대지가 있다.

화산 활동으로 만들어진 것 가운데 간헐천과 온천도 빼놓을 수 없다. 간헐천은 말 그대로 간헐적으로 뜨거운 물이나 수증기를 내뿜다가 멎다가 하는 온천이다. 뜨거운 암석층의 영향으로 지하에서 물이 끓어 증기의 압력에 의해 지하수가 지면 위로 솟아오르며, 일정한 간격을 두

얼음과 불의 땅 아이슬란드의 간헐천. 우물 같은 공간에 용암으로 달궈진 지하수가 들어가고 마그마에 의해 데워지다가 압력이 최고치에 도달하면 펑 터지면서 물줄기가 하늘로 솟구치는 장관을 보여 준다.

고 주기적으로 나타난다. 여기서 주기적으로 나타나는 이유는 지하수가 뜨거운 암석층을 만나 급격히 뜨거워지면서 끓어올라 압력이 높아지면 폭발하듯 솟아오르기 때문이다. 활화산 주변에 주로 있는 간헐천은 더운 물과 수증기뿐만 아니라 가스가 주기적으로 분출하는 곳도 있다. 아이슬란드의 스트로퀴르 간헐천의 경우 5~10분 간격으로 분출하다가 멈추기를 반복하고, 높이도 5m에서 40m까지 솟아오르기도 한다. 미국 옐로스톤 국립공원Yellowstone에는 만여 개의 간헐천이 있다. 그중 올드페이스풀 간헐천은 약 65분마다 뜨거운 물을 하늘로 내뿜고, 그 높이가 약 50m까지 이른다. 하지만 이 간헐천이 유명한 것은 가장 오래됐거나 가장 뜨거운 물이 나와서가 아니라 매일 하루에 20~23회 주기적으로 물을 뿜는 모습을 보여 주기 때문이다. 오랜 세월 동안 단 한 번도 거르지 않고 변함없이 규칙적으로 온천이 솟구쳐 '오래된 충신'이라는 별명까지 얻었다. 백두산에도 규모가 작지만 간헐천이 있다.

땅속에서 지표 위의 평균 기온보다 높은 온도의 물이 자연히 솟는 샘으로, 흔히 25℃ 이상의 물이 나오는 곳을 '온천'이라 한다. 온천은 다양한 광물질을 포함하고 있어 피부 질환이나 건강을 위해 사람들이 많이 이용하는 곳이다. 그러나 온천이라고 해서 모두 화산과 연관되는 것은 아니다. 우리가 흔히 접하는 온양 온천, 도고 온천, 수안보 온천 등은 화산 활동으로 만들어진 것이 아니라 지열에 의해 만들어진 것이니 구별해야 한다. 일본 벳푸 지역의 온천이 유명하다.

화산 활동이 만드는 지형 중 폭포도 빼놓을 수 없다. 백두산에도 화산 활동으로 인해 만들어진 폭포가 많다. 폭포가 만들어지는 이유는 화산 폭발로 인해 마그마가 강을 막아 호수를 만들고 호수에 고인 물이 넘쳐흘러서 폭포가 되는 경우로 흔히 언색호(폐색호)라고 한다.

뜨거운 백두산 온천수에 달걀을 담근 모습. 온천수에 익힌 달걀은 관광객에게 판매한다.

일본 규슈 벳푸에 위치한 온천들의 모습. 성분에 따라 다양한 색을 띤다.

1   가장 아름다운 곳으로 꼽히는 코발트빛의 바다지옥
2   스님의 머리 같다고 해서 붙여진 대머리지옥
3   빨갛게 보이는 피지옥
4   흰색 연못이 어우러진 하얀 지옥

여전히 활발하게 마그마를 분출하며
화산 활동을 하는 칠레 활화산의 모습

분화의 가능성이 없는 멕시코의 톨루카 사화산

　　가장 흔한 형태는 지하 마그마의 압력에 의해 지각이 융기하면서
단층이 생겨 만들어진 것이다. 일반적인 폭포는 침식에 의해 만들어진
것이라면, 화산 활동이 만든 폭포는 마그마와 지각 균열에 의한 단층으
로 형성된 것이 많다.

　　화산은 활동 여부에 따라 크게 활화산과 사화산으로 구분한다.
최근에는 화산 활동을 하지 않는 휴화산이라고 하더라도 마그마방이 있
다면 활화산으로 규정하고 있다. 과거 화산 활동을 했지만 지금은 화산
활동을 멈춘 상태로 지하에 마그마가 없는 경우에는 사화산이라고 한
다. 우리나라 울릉도가 대표적인 사화산이다.

빙하가 만들어 낸 지형

빙하지형은 말 그대로 빙하의 영향으로 만들어진 지형이다. 현재 빙하

의 영향으로 새로운 지형이 만들어지는 곳은 그린란드, 남극대륙, 고산지대뿐이다. 그러나 마지막 빙하기였던 약 2만 년 전에는 지구 육지 면적의 30%가 빙하로 덮여 있었고, 이때 생겨난 빙하지형이 여전히 지구 곳곳에 남아 있다.

빙하는 중력의 영향으로 점점 아래로 이동하면서 빙하에 섞여 있는 모래나 자갈 등이 샌드페이퍼 역할을 하며 빙하 아래의 암석을 갉는 작용을 한다. 또 한 가지는 빙하가 아래로 이동하면서 원래 붙어 있던 암석을 뜯어내는 작용도 한다. 이러한 것을 빙식氷蝕작용이라고 한다. 빙식작용 외에도 빙하 속에 담아 끌고 내려와 쌓아 놓는 퇴적堆積작용을 한다. 높은 곳에서 바위와 자갈, 모래 등을 빙하 속에 붙들고 산 아래면까지 내려와 녹으면서 많은 퇴적물을 쌓아 놓는데, 이를 빙하퇴적작용이라 한다.

백두산에서 빙하지형은 천지 주변 봉우리들과 비룡폭포 주변에 많이 분포되어 있다. 백두산 천지 주변 봉우리들은 빙하에 의해 뜯겨진 형태인 빙식지형이 나타나고, 비룡폭포 주변에는 많은 바위와 자갈들이 쌓여 있는 빙하퇴적지형이 보인다.

다양한 모습의 기타 지형들

바람이 일정 속도 이상으로 불면 지표면에 있던 미세물질이 운반되어 이동한다. 이때 바람이 심하게 불 경우 작은 돌들도 날아가 부딪혀 암석 표면을 깎는다. 이처럼 바람, 빙하, 강물, 빗물 따위의 움직임에 의해 깎이는 것을 침식浸蝕이라고 한다. 바람은 우리가 느끼기에 아무 데서나 부

는 것 같지만 크게 보면 계절에 따라 일정한 방향으로 불고 있다. 우리
나라의 바람은 여름에는 북태평양 기단의 영향으로 남동계절풍이 불고,
겨울에는 시베리아 기단의 영향으로 북서계절풍이 분다. 북동풍은 오호
츠크해 기단의 영향으로, 남서풍은 양쯔강 기단의 영향으로 봄과 가을
에 영향을 미친다.

침식은 풍화작용과 관련이 있다. 물리적·화학적·생물학적 작용
을 포함하는 분해나 붕괴를 풍화작용이라고 한다면, 풍식작용은 물리적
풍화에 해당하며 기계적 작용에 의해 암석의 모양을 변화시키는 현상을
일컫는다. 바람이 강하게 불면 주변에 있던 모래나 자갈 등이 날려 고정
되어 있던 바위의 모양을 바꾸거나 산의 모양을 바꾸는 것이 풍식지형
의 대표적인 예이다.

백두산 정상에는 강한 바람이 사시사철 분다. 연평균 풍속은 초
속 11.7m인데, 겨울철 강풍이 불 경우 최대 풍속은 60m/s의 강한 바람
이 백두산 정상을 지나간다. 초당 60m까지 분다고 하면 일반적으로 어

오랜 세월 해식과 풍식작용으로 만들어진 대만 예류해양공원의 기암석들

느 정도의 바람인지 언뜻 이해되지 않는다. 그런데 2003년 우리나라에 사망·실종 132명이라는 인명 피해를 주고, 이재민 6만 1천여 명, 재산 피해가 무려 4조 7천여 억 원이었던 태풍 '매미'의 최대 풍속이 60m/s 라는 것을 감안한다면, 백두산 정상의 바람 세기가 얼마나 강한지 짐작 할 수 있다.

백두산 정상부에는 이 강한 바람으로 인해 풍식지형이 많이 나타 난다. 백두산에 나타나는 풍식지형의 형태로는 풍식기둥, 풍식버섯, 풍 식구멍 등의 모양을 갖춘 암석이 많다. 그중에서 백두산의 대표적인 풍 식지형으로 꼽는 것은 백두산 천지를 보호하며 병풍처럼 둘러선 봉우리 들이다. 백두산 천지 주변에는 2,500m 이상의 봉우리가 27개에 이른다. 이들 대부분이 바람에 의한 풍식이 많이 진행된 상태이다.

천지 주변의 봉우리들은 깎아지른 듯한 절벽을 이루고 있다. 물 론 바람의 영향으로만 볼 수 없다. 다양한 침식에 의해 이루어진 것이지 만, 풍식작용도 지금의 모양에 커다란 영향을 미쳤다. 백두산에 있는 풍 식지형의 대표 격으로 거대한 규모의 금강대협곡을 빼놓을 수 없다. 금 강대협곡은 협곡의 길이만 약 50㎞이고, 폭은 넓은 곳이 300m, 좁은 곳 이 수 미터에 이른다.

백두산은 크고 장대함에 걸맞게 60여 개의 다양한 폭포를 가지고 있다. 천지에서부터 쏟아져 내려온 시원한 물줄기가 폭포를 이루는 경 우도 있고, 지하수가 용출하여 폭포를 이루는 경우도 있다. 백두산에 폭 포가 만들어진 배경은 화산과 관련이 깊다. 백두산은 당시 많은 지각변 동이 있었고, 이때 형성된 융기와 침강에 의한 단층절벽이 생긴 곳도 있 다. 이후 지속적인 용암 분출과 화산 폭발로 경사가 급한 곳에 물이 흐 르면서 자연스럽게 형성된 곳이 있고, 마식磨蝕작용에 의해 형성된 곳이 있다.

대표적으로 비룡폭포가 있고, 절리가 형성된 곳에 단층절벽이 생겨 만들어진 백두폭포, 그리고 현무암으로 이루어진 계단형 폭포로 장엄함을 자랑하는 금강폭포와 사기문폭포가 있다.

비룡폭포

백두산 폭포 하면 대표적으로 떠올리는 것이 비룡폭포이다. 백두산 비룡폭포는 장백폭포 또는 천지폭포로 불리기도 한다. 해발 2,000m 높이에 위치해 있으며, 백두산 천지 북쪽으로 트인 달문에서 천문봉과 용문봉 사이 골짜기를 따라 1㎞ 정도 흘러 68m의 단층절벽에 만들어졌다. 고산지대에 위치해 있는데도 겨울에 얼지 않는 폭포로 유명하며 중국 쑹화강의 원류이기도 하다. 낙차가 크기 때문인지 물안개가 계속 만들어지고 햇빛이 비추면 무지개가 만들어져 신비롭다. 수면 아래는 깊이가 20m에 이를 정도로 패여 있다. 오랜 세월 침식작용으로 형성된 것이지만 앞으로도 계속 깊어질 것으로 보인다. 겨울에도 폭포가 얼거나 마르지 않는 이유는 천지의 물이 경사를 타고 많은 양이 유입되기 때문이다. 여름에는 600만㎥, 겨울에는 200만㎥의 물이 비룡폭포로 흘러 들어가므로 겨울철 영하 40℃까지 내려가는 혹한에도 얼거나 마르지 않는다. 비룡폭포는 중국에서 관광코스로 개발하여 대표 코스인 북파 코스를 따라가거나 천문봉으로 가면 만나 볼 수 있다.

백두폭포

백두산 폭포 중 가장 높은 곳에 있는 폭포이다. 해발 2,200m에 위치해 있으며 압록강 상류에 있는 첫 번째 폭포이다. 20m의 단층절벽에서 외줄기로 떨어지는 물은 정면에서 보면 마치 물이 솟아오르는 것처럼 보이지만 폭포의 규모가 탄성을 자아낼 정도는 아니다. 절리가 발달된 곳에 형성된 백두폭포는 유문암으로 이루어져 있다.

금강폭포

금강폭포는 백두산 서남쪽에 위치해 있으며, 서파 코스로 가면 금강대협곡과 아름다운 초원 금강분지를 지나 만날 수 있다. 원시림과 계곡 깊은 곳에 숨어 있는 금강폭포는 2단 폭포로 높이가 무려 74m나 이른다. 금강폭포에서 떨어진 물은 금강대협곡으로 흘러간다. 산속 깊숙이 자리하고 있어 찾는 이가 많지 않아 자연 그대로의 모습을 간직하고 있다.

사기문폭포

사기문폭포는 높이 17.9m로, 백두폭포에서 장군봉 방향으로 계곡을 따라 약 300m 떨어진 곳에 있다. 천지에서 발원한 샘물이 계곡을 따라 흐르다가 바위 벽으로 떨어지면서 폭포가 되었다. 일정한 거리를 두고 세번 꺾어져 내리는 3단 폭포이며 1단 높이는 6.7m, 2단 높이는 4m, 3단 높이는 7.2m이다. 폭포 밑에는 둘레 약 11m, 너비 1.8m, 길이 4.2m의 웅덩이가 있다. 유량은 많은 편이나 폭이 좁아 웅장함이 약한 편이다.

3장

자 원 의
보 고,
백두산을
말 하 다

07

생물자원으로
보는
백두산의
가치와 미래

식물의 보고, 백두산

다양하고 희귀한 야생동물의 서식지인 백두산의 생태 환경을 파악하면 그 생물자원을 쉽게 이해할 수 있다. 식물도감에 따르면 백두산은 국가적 자연보호 구역으로서 완전한 원시림 형태를 이루고 있으며, 식물의 종류가 매우 다양할 뿐만 아니라 그 수직 분포 또한 뚜렷하다고 언급되어 있다. 하지만 국토가 분단되어 자원식물을 보존하기 위한 연구는 시간적·공간적 어려움이 있다. 체계적이고 지속적으로 이루어지지 못해 많은 사람들이 안타까움을 느끼는 게 현실이다.

그럼 이제부터 백두산에 존재하는 다양한 식물 분포를 알기 위해 백두산의 식생植生을 살펴보자. 식생이란 무엇일까? 식생은 지리나 생물 시간에 쉽게 접할 수 있는 용어이지만 막상 떠올려 보면 뭐라고 답해야 할지 고민하게 된다. 쉽게 말하면 식생은 식물의 생명공동체를 일컫는다. 즉 '생명이 있는 식물 집단'이란 뜻이다. 식생은 강수량보다 기온 분포와 밀접한 관련을 맺고 있다.

백두산의 식생을 살펴보기 전에 우리나라의 식생 분포에 대해 간단히 이야기해 보도록 하자. 식생 분포는 수평적 분포와 수직적 분포로 나눌 수 있다. 식생의 수평적 분포는 위도별 기온 분포를 반영해 표기하는데 우리나라는 크게 냉대림, 온대림, 난대림으로 구분한다.

워낙 고산인 백두산에는 각 고도마다 다양한 기온이 존재할 수밖에 없고 그렇다 보니 다종다양한 식생이 존재한다. 백두산 일대는 기후의 수직적인 변화가 크기 때문에 식생의 차이도 뚜렷하고 종류도 많다. 대체로 식물 1,400여 종, 동물 400여 종이 살고 있다고 알려져 있다. 같은 위도 중에서 생물자원이 가장 풍부한 곳은 백두산이며, 그중 21만

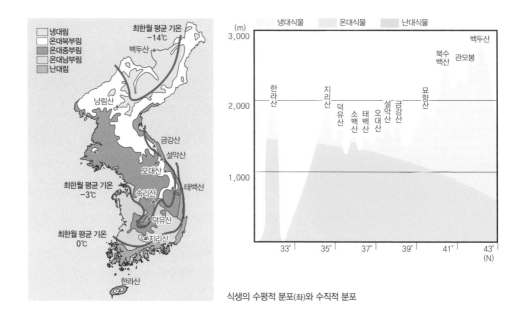

식생의 수평적 분포(좌)와 수직적 분포

ha(헥타르)는 생물권보전지역으로 지정되어 있다.

　　백두산의 식생을 고도별로 자세히 살펴보면, 우선 높이 500m부터 1,050m까지는 혼합림지대로, 침엽수와 활엽수가 함께 존재한다. 낙엽송, 가문비나무, 사시나무 등의 침엽수와 자작나무, 황철나무 등의 활엽수가 대표적이다. 이 지대는 연평균 기온이 3℃ 정도로, 백두산에서 식물의 종류나 수가 가장 많고 분포 면적 또한 제일 높다. 다음으로 높이 1,100m부터 약 2,000m까지는 침엽수림지대로, 습하고 냉한 기후를 보이는데 그 때문인지 식물 분포가 비교적 단순한 편이다. 잎갈나무, 가문비나무, 분비나무 등이 침엽수림을 이룬다. 그다음 높이 1,700m부터 2,100m까지는 관목림지대로 분류된다. 이 지대에서는 토양이 척박하고 기온이 낮으며 바람이 강한 것이 특징이다. 잎갈나무, 월하나무 등이 주요 수종을 이룬다. 마지막으로 높이 2,100m 이상은 식물의 성장

가문비나무

낙엽송

물황철나무

미인송

붉은구상나무

사스래나무

자작나무

잣나무

백두산에 살고 있는 나무들

이 어려운 한대림지대이다. 이 지대는 겨울 기온이 영하 45℃ 이하에다 강풍이 불기 때문에 모진 기후에 견딜 수 있는 식물들만 자란다. 털진달래, 풍모버섯, 바위솔, 둥근잎버드나무 등이 자생하며, 전형적인 북극 식물이 총 170여 종에 달한다. 이처럼 각 고도에 존재하는 백두산의 식생은 다양하고 풍부하다.

희귀식물이 고루 분포된 백두산

백두산에는 우리가 잘 알지 못하는 희귀식물들도 많이 존재한다. 특히 야생식물이 많이 자생하는데 '동아시아의 삼보=三寶'로 불리는 인삼, 녹용, 담비 가죽의 원산지가 바로 백두산이다. 무려 2,540여 종의 야생식물이 있으며 그 용도에 따라 약용식물, 재료식물, 식용식물, 밀원식물, 관상식물 등으로 분류된다. 이에 따른 백두산의 야생식물들을 파악해 보도록 하자.

약용식물은 약으로 쓰이거나 약의 원료가 되는 식물이다. 백두산에는 844여 종의 약용식물이 있는데 인삼, 패모, 등칡, 황기, 천마, 족두리풀, 구름버섯, 더덕 등이 모두 진귀한 약용으로 쓰인다. 이외에도 우엉, 난티잎개암나무, 가래나무, 달맞이꽃, 물매화풀, 노랑만병초 등은 화장품, 염색, 제지, 방직, 식료품 등 제조업 분야에도 널리 쓰이는 생물자원이다.

재료식물은 어떤 물질의 재료로 사용되는 식물을 말한다. 백두산에는 155여 종의 재료식물이 있다. 그중에서도 잣나무, 장백송, 낙엽송, 분비나무, 황벽나무, 가래나무, 들메나무, 만주자작나무, 고로쇠나무 등

생물자원
이란?

자원이란 무엇일까? 자원은 우리가 평소에 많이 사용하는 단어이다. 삶의 목표나 계획을 실행할 때, 우리의 욕구를 충족시킬 때 사용된다. 이러한 자원은 지하자원, 광물자원, 천연자원, 생물자원, 무형자원, 유형자원 등 분류 기준에 따라 다양하게 존재한다.

그렇다면 이 중 생물자원이란 무엇일까? 일반적으로 생물자원이란, 인간이 생활하는 데 필요한 동물과 식물을 이야기한다. 과거부터 지금까지 실질적으로 사용하고 있는 것뿐만 아니라, 미래에 인류를 위하여 쓰일 수 있는 잠재적 가치가 높은 것들 역시 생물자원에 포함시킨다. 생물자원은 우리의 삶을 지탱해 주는 원동력이면서 산업적으로 다양하게 이용될 수 있다. 경제적인 이익도 제공하며 우리의 삶을 윤택하게 만들어 주는 아주 유용한 자원이다.

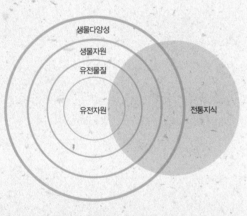

생물자원은 인류를 위해 실질적 · 잠재적으로 사용되거나 가치가 있는 생물체로 구성된다.

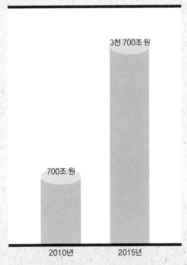

세계적으로 생물자원을 활용한 산업 규모는 나날이 발전하고 있다. (출처: 국립생물자원관)

이 유명하다.

식용식물은 인간의 주식량을 얻기 위해 쓰이는 식물이다. 백두산에 무려 99여 종이 있으며, 음료용으로 약 40여 종이 있다. 일반 식용으로는 잣나무, 가래나무, 난티잎개암나무, 물개암나무 등이 있다. 그중 과실류로는 월귤나무, 산사나무, 야광나무, 왕머루, 산돌배나무, 다래나무, 개다래나무 등이 있으며 진균류로는 목이, 뽕나무버섯, 노루궁뎅이 등이 있다. 주로 색깔이 곱고 별미이며 영양가가 높아 식용작물로 쓰인다. 그리고 음료용으로는 인삼, 산사나무, 산돌배나무, 왕머루, 오미자, 들쭉나무, 다래나무, 개다래나무 등이 대표적이다.

밀원식물은 꽃가루를 공급하는 식물인데 백두산에는 280여 종이 자생한다. 피나무, 찰피나무, 가래나무 등이 있다. 특히 피나무는 백두산 산맥에 널리 분포되어 있고 우월한 야생꿀의 원천이다. 피나무꿀은 생산량도 많고 질도 좋아 세계적으로 널리 알려져 있다. 피나무만의 향과 달콤함 때문에 많은 사람들이 선호한다. 백두산의 생물자원이 양봉업에도 큰 영향을 미친다는 것을 알 수 있다.

관상식물의 종류는 비교적 적은 편이지만 그 가치가 높은 것이 특징이다. 눈잣나무, 딱총나무, 날개하늘나리, 물싸리, 눈측백, 고광나무 등은 학계에서 관심이 높은 식물들이다.

마지막으로 멸종 위기에 놓인 식물들이 있다. 보호식물인 애기줄고사리삼, 들콩, 나도파초일엽, 땅두릅나무 등인데 현재 무분별한 채취로 멸종 위기에 처해 있다. 그밖에도 댕댕이나무, 바위구절초, 산쥐손이, 애기괭이눈 등 이름은 다소 어렵고 생소하지만 희귀한 식물들이 많이 자생한다.

백두산에 존재하는 야생식물들

백두산에 살고 있는 희귀동물들

백두산에는 야생동물 역시 많이 서식하고 있다. 앞서 배운 식생처럼 동물들도 고도에 따라 저지대, 중산대, 고산대로 나뉘어 살아가고 있다.

현재 백두산 일대에 서식하는 동물을 종류별로 살펴보면 곤충류 481종, 척추동물 370종, 조류 277종, 포유류 58종, 파충류 13종 등 모두 73목目, 189과科, 1,225종이다. 이 가운데 표범, 호랑이, 큰곰, 검은담비, 수달, 사향노루, 사슴, 백두산사슴, 산양 등 희귀동물 76종은 국제보호동물로 지정되어 특별 관리 대상으로 보호되고 있다. 지금부터 각 고도에 존재하는 동물들을 살펴보자.

백두산의 동물은 높이 1,000m 이하인 저지대에서 가장 넓게 분포하고 있다. 고도가 높을수록 생명체들은 호흡하기가 힘들어 살기 어렵다. 대표적으로 양서류인 북방산개구리, 파충류인 헤이룽강 장지뱀, 조류인 두견 등이 있으며, 야생동물인 불곰, 멧돼지 등이 이곳에 산다. 높이 1,100~1,800m 사이의 중산대에는 저지대보다 그 종류나 수가 훨씬 적다. 양서류는 북방산개구리와 도롱뇽이 있고, 파충류는 살모사와 북살모사 등이 있다. 조류는 노랑딱새가 있고, 포유류는 검은담비가 유일하다. 높이 1,800m 이상의 고산대에는 이보다 훨씬 줄어든다. 양서류와 파충류는 없으며, 조류는 힝둥새와 칼새, 포유류는 우는토끼가 유일하다.

이제 어떤 동물들이 존재하는지 종별로 상세히 살펴보도록 하자. 먼저 조류는 천연기념물로 지정된 삼지연메닭, 신무성세가락딱따구리 등이 있으며, 특별 보호 대상으로는 멧닭, 세가락메추라기, 북올빼미, 긴꼬리올빼미, 흰두루미, 재두루미, 원앙, 청둥오리, 붉은허리제비, 숲새

반달곰

백두산호랑이

사향노루

삵

스라소니

검은담비

물수리

저어새

백두산에 서식하는 희귀동물들

등이 있다.

다음으로 파충류에는 북살모사와 긴꼬리도마뱀 등이 있고, 양서류에는 무당개구리, 합수도룡뇽 등이 살고 있다. 천지 안에는 천지산천어가 서식하고 있다. 최근 30~40cm의 대형 산천어가 발견되어 미디어에서 이슈가 되기도 했다. 이는 일반 산천어에 비해 두 배 이상 크다.

백두산에서 국가보호동물로 지정되어 보호 관리되고 있는 멸종 위기의 동물들은 다음과 같다. 생소한 이름의 동물들도 많지만 의외로 친근한 동물들도 눈에 띈다. 이 동물들이 멸종되지 않고 서식할 수 있도록 보호하는 것이 우리의 의무이다.

이끼를 주로 먹고사는 사향노루는 남한에서 거의 찾아볼 수 없지만 백두산에는 아직 살아 있는 것으로 확인됐다. 스라소니는 범의 끝새끼라고도 부르는데 이는 작은 호랑이라는 뜻에서 나온 말이다. 뛰어난 사냥꾼으로 알려진 검은담비는 백두산에 존재하지만 현재 멸종 위기라 천연기념물로 보호받고 있다.

백두산호랑이는 한국의 토종 호랑이이다. 호랑이는 〈단군신화〉에 나오는 호랑이부터 1988년 서울 올림픽 마스코트 호돌이까지, 한국의 역사를 담고 있는 상징적인 동물로 여겨 왔기에 관심의 대상이 될 수밖에 없다. 대부분 산으로 이뤄진 한반도에는 예부터 호랑이가 많이 서식해 세계적으로 '호랑이의 나라'로 일컬어지기도 했다. 하지만 현재 백두산호랑이는 한국에서 멸종 위기 야생동물 1급으로 지정되어 쉽게 볼 수 없는 동물이 되고 말았다. 호랑이의 멸종 시기는 대략 일제강점기로 알려져 있는데, 당시 조선총독부가 호랑이를 개발에 방해되는 동물로 여겨 대규모 사냥에 나섰기 때문이라고 전해진다.

2014년에는 백두산 천지에서 한국 토종 흰여우가 발견됐다. 흰

1급 보호동물	백두산호랑이, 표범, 대륙사슴, 먹황새, 황새, 검독수리, 흰죽지수리, 두루미, 호사비오리 등
2급 보호동물	사향노루, 반달곰, 불곰, 곰, 수달, 스라소니, 백두산사슴, 산양, 물수리, 솔개, 벌매, 참매, 새매, 항라머리검독수리, 독수리, 알락개구리매, 매, 새호리기, 한국황조롱이, 수리부엉이, 솔부엉이, 노랑부리저어새, 큰고니, 고니, 말똥가리, 조롱이, 잿빛개구리매, 쇠황조롱이, 황조롱이, 비둘기조롱이, 멧닭, 재두루미, 회전새, 큰소쩍새, 소쩍새, 갈어새, 칡부엉이, 큰논병아리, 노랑부리백로, 저어새, 왕새매, 긴점박이올빼미, 올빼미, 들꿩, 흰비오리, 검은담비 등

여우는 학계에서 매우 희귀한 것으로 보고되어 있고, 특히 국내에서는 한 번도 발견된 사례가 없다는 점에서 주목을 받기도 했다.

유네스코에서 지정한 생물권 보전지역

생물권보전지역은 1971년 유네스코가 보전 가치가 있는 지역과 그 주변의 지속 가능한 발전을 지원하기 위해 국제적으로 인정한 지역을 말한다. 미국의 옐로스톤, 동·서독 접경지대인 독일의 뢴 등 전 세계 114개국 580개소가 생물권보전지역으로 지정되어 있다. 대한민국에는 설악산(1982년), 제주도(2002년), 신안 다도해(2009년), 광릉 숲(2010년), 고창 생물권보전지역(2013년) 등이 지정되어 있다. 아울러 한반도 전역으로 보면 백두산(1989년), 구월산(2004년), 묘향산(2009년), 칠보산(2014년) 등이 지정되어 있다.

생물권보전지역은 경관·생태계·종·유전적 변이의 '보전' 기능, 사회문화적·생태적으로 지속 가능한 경제와 인간의 '발전' 기능, 시범 사업·환경 교육·연구 및 모니터링을 위한 '지원' 기능 등을 적절히 수행하는 데 필요한 기준들을 만족시켜야 선정이 된다. 우리는 생물권보전지역으로 선정된 곳에 대한 소중한 마음을 갖고 잘 보전될 수 있도록 더욱 노력해야 한다.

1 북한의 칠보산 2 묘향산 3 구월산 4 광릉 숲

1 고창 갯벌
2 신안 다도해

08
지하자원으로
보는
백두산의 가치

풍부한 지하자원을 간직한 산

지하자원은 광물의 형태로 지각 속에 들어가 있는 자원을 일컫는다. 인류의 안정된 생활을 위해서 지하자원은 필수적이다. 하지만 매장의 유한성과 분포의 편재성이라는 특수성을 가지고 있다. 이는 곧 지하자원이 항상 존재하는 것이 아니며 어느 곳에나 존재하는 것이 아님을 뜻한다. 이로 인해 세계 각국에서는 지하자원의 개발에 초미의 관심을 기울이고 있다. 지하자원이 곧 자국의 경제 발전과 기술 발달에 굉장한 영향을 끼친다는 것은 부인할 수 없는 사실이다.

백두산에는 풍부한 지하자원이 매장되어 있다. 금, 은, 알루미늄, 구리, 아연, 망간, 석탄, 석유, 석면, 석회석 등 50여 종의 금속광과 40여 종의 비금속광이 있다. 특히 무연탄, 갈탄, 이탄 등 여러 개의 탄층이 있다. 탄층은 땅속에 석탄이 묻혀 있는 층을 말한다. 이처럼 백두산 인근에는 다양한 종류의 지하자원이 풍부한데 특히 중국의 지린성은 금, 니켈, 동, 석유 등의 저장량이 비교적 많아 중대형 기업들이 많은 편이다. 이곳은 예부터 기계공업, 석유화학공업, 의약공업, 식품공업, 야금공업, 삼림공업 등 6대 우수 산업이 발달된 지역이다.

백두산에는 여러 가지 광물이 존재한다. 대부분 탄화목, 흑요석, 부석, 옥석 등 우리가 학교에서 지구과학 시간에 배웠던 광물들이다. 백두산의 대표적인 광물인 탄화목은 1894년에 처음 발견됐다. 백두산의 마그마가 강하게 분출하던 시기에 뜨거운 부석물들이 나무속에 파묻히면서 다른 나무의 형태를 가진 탄화목이 되는 것이다. 백두산 주변의 부석층에서 이러한 탄화목을 쉽게 만나 볼 수 있다. 백두산 북쪽 일대에서는 주로 홍성, 어린송, 낙엽송, 자단 풍화 등에서 발견되며 백두산 남쪽

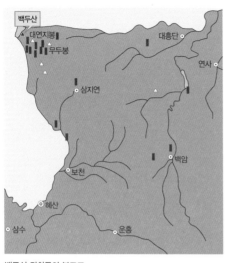

백두산 탄화목의 분포도

일대에서는 버드나무, 자작나무, 가문비나무 등에서 발견된다.

부석은 백두산과 그 주변, 현무 용암대지 위에 광범하게 분포되어 있다. 이러한 부석은 공업용, 의류염색, 방열재료, 조각재료 등으로 사용되어 광물자원으로 널리 활용되고 있다.

진주암은 백두산 화산 화구에서 발견된 산성화산 분출암이다. 색깔은 흑색, 암녹색, 연녹색이며 석영질石英質을 74% 함유하고 있다.

맑고 깨끗한 식수원, 천지

백두산 천지의 수질은 맑고 깨끗한 무색무취이다. 또한 플랑크톤이 없어 물이 오염되지 않아 천연 식수로서의 개발이 기대되는 자원이다. 백두산 천지 샘물은 국내 및 해외에서 판매 허가를 받아 시중에서 구입할 수 있다. 1995년부터 중국과 합작하여 백두산 천지 부근 세 곳에서 하루 2만 톤 이상의 식수를 생산하고 있다. 백두산 식수의 종류마다 용출되는 물이 조금씩은 다르다. 이 중 광천수는 천지에서 약 10km 떨어진 원시림 지하의 내두천에서 용출되는 물로, 다량의 현무암층으로 이루어진 화산 암반을 뚫고 올라오면서 자연적으로 정화가 이루어진다. 이 과정에서 칼슘, 편규산 등 몸에 좋은 각종 미네랄이 섞여 들어가 세계적으로 수질의 우수성을 인정받고 있다.

　　국내 생수 회사들도 백두산의 식수원을 얻기 위해 지금까지 꾸준히 개발 중이다. 천혜의 보고인 백두산 천지에서 나오는 물의 맛과 미네랄 함유량은 어느 식수와도 비교할 수 없을 정도로 그 가치가 높다.

북 한 의
지 하 자 원

자원 부족 국가인 우리나라를 빗대어 종종 '기름 한 방울도 나지 않는 나라'라고 언급한다. 반면 북한에는 금속자원, 광물자원 등 지하자원이 풍부하다. 약 360여 종의 지하자원이 있으며 유용광물은 200여 종에 달한다. 에너지 자원이 풍부하다 보니 공업 및 각종 연료의 70% 이상을 자급하고 있다. 북한의 광업에서 생산 비중이 큰 부분은 석탄, 철광석, 마그네사이트, 연, 아연, 석회석 등이며 금속공업의 주원료인 철광석의 매장량 역시 30억 톤 이상으로 남한에 비해 월등히 높다. 북한에 매장된 지하자원의 잠재적 가치를 따지면 남한의 22배에 달한다는 조사 보고서도 있다.

광종	매장량	잠재 가치
무연탄	45억 톤	340조 2,945억 원
갈탄	160억 톤	1,007조 7,760억 원
금	2천 톤	41조 7,300억 원
동	290만 톤	2조 2,500억 원
아연	2,110만 톤	15조 3,869억 원
철	50억 톤	213조 5,600억 원
망간	30만 톤	406억 원
니켈	3만 6천 톤	1조 1,698억 원
석회석	1천 억 톤	1,092조 3,000억 원

북한의 주요 광종 매장량 및 잠재 가치(출처: 현대경제연구원)

09

관광자원으로
보는
백두산의 미래

한반도를 대표하는 천혜의 관광자원

지금으로부터 약 100만 년 전 화산작용에 의해 생성된 백두산은 산세가 장엄하고 특이한 분화구를 이루고 있어서 세계적인 영산靈山으로 알려져 있다. 백두산은 금강산, 한라산과 더불어 한반도를 대표하는 3대 명산이다.

땅속 깊은 곳에서 용암이 솟아 나와 이루어진 백두산의 정상에는 움푹 파여진 분화구가 보인다. 이것이 천지이다. 높고 깊고 넓은 천지를 품은 산은 지구상에 백두산뿐이다. 물이 어디서 흘러 들어오지도 않는데 거대한 폭포를 가지고 있는 신비로운 산이다.

백두산의 핵심인 천지에 대해 살펴보자. 그 규모의 웅장함에 대해서는 이미 알고 있다. 특히 천지 일대는 약 5,000㎡의 면적에 온천군을 이루고 있어서 세계적인 관광지로 발전할 가능성이 높다. 백두산 아래에 위치한 작은 마을인 얼다오바이허가 이 온천군 가운데에 있는데, 옥황상제가 백두산 천지의 물을 두 줄기로 뻗게 하여 영원히 마르지 않도록 했다는 전설이 존재하는 마을이다. 온천물의 수량도 항상 한결같고 그 수온도 사계절 중 변함없이 일정한 곳이 무려 103곳이나 된다. 매일 솟아나는 온천수의 총량이 약 6,455톤에 달한다.

온천수에는 다양한 성분들이 들어 있다. 탄산수소나트륨, 칼슘, 나트륨, 철, 칼륨, 마그네슘, 염소, 황산, 불소, 아연 등 20가지가 넘는 광물질 성분이 골고루 함유되어 있어 인체에 유익할 뿐만 아니라 피부병, 관절염, 풍습병 등에 효험이 있어 관광객들에게 큰 인기를 끌고 있다. 빼어난 자연경관, 양질의 온천과 약수, 고산지대의 서늘한 기후 등 관광 개발의 좋은 입지 조건을 모두 구비하고 있다.

세계의 관광객들이 찾는 명소

백두산을 찾는 관광객 수가 매년 증가하여 최근 인기몰이 중이다. 백두산의 동쪽 관광 코스가 특히 풍성한 볼거리로 관광객들의 시선을 사로잡고 있다. 베이징-평양, 선양-평양 간의 항공편과 원산항의 경로를 이용해 매년 1일 평균 500명 이상이 백두산을 방문하고 있으며, 그 수는 꾸준히 증가하는 추세이다.

여기에는 여러 가지 이유가 있다. 물론 아름다운 자연을 직접 느끼고 싶은 욕구도 있지만 통일되지 않은 조국의 산하를 먼발치에서 보고 싶은 마음도 작용하는 것이다. 얼마 전 한 기업의 설문조사에서 '통일 후 가장 가고 싶은 곳'으로 백두산이 1위를 차지했다. 백두산에 대한 대한민국의 관심은 앞으로도 여전할 것이다.

백두산 관광의 시작은 2003년 북한 평양의 관광산업을 추진한

백두산 온천에서 나오는 뜨거운 증기가 자욱하게 피어오르고 있다.

목표년도		2010년		2020년	
		관광객 수(만)	비율(%)	관광객 수(만)	비율(%)
연간 관광객	중국인	538,000	65.5	905,000	60.0
	외국인	280,000	35.5	603,000	40.0
	계	828,000	100.0	1,508,000	100.0
당일 관광객	중국인	107,600	20.0	271,500	30.0
	외국인	20,300	7.0	60,300	10.0
	계	127,900	15.0	331,800	22.0
숙박 관광객	중국인	430,400	80.0	633,500	70.0
	외국인	269,700	93.0	542,700	90.0
	계	700,100	85.0	1,176,200	78.0

중국을 통한 백두산 연간 관광 수요 전망(출처: 북한 관광자원 실태와 전망)

국내 '평화항공여행사'와 북한 '금강산관광총회사' 간에 관광계약서가
체결되면서였다. 남측과 북측의 인사들이 방문한 이후 백두산 관광이
본격화되었으며, 중국을 통해서 가는 우리나라 관광객은 매년 2만 명
정도로 추산된다. 중국의 관리위원회는 관광 정보를 얻을 수 있는 백
두산관광포털사이트(www.cbs.travel)와 백두산관광전자비즈니스사이트
(www.cbm.travel)를 동시에 개설했다. 계절의 특성상 여름철 관광객이
주를 이루지만 앞으로는 봄, 가을, 겨울 시장에 대한 관광 상품 역시 개
발될 예정이다.

백두산 개발에 박차를 가하는 중국

백두산이 하루가 다르게 개발되고 있다. 각 산기슭에서 공항과 철로, 도

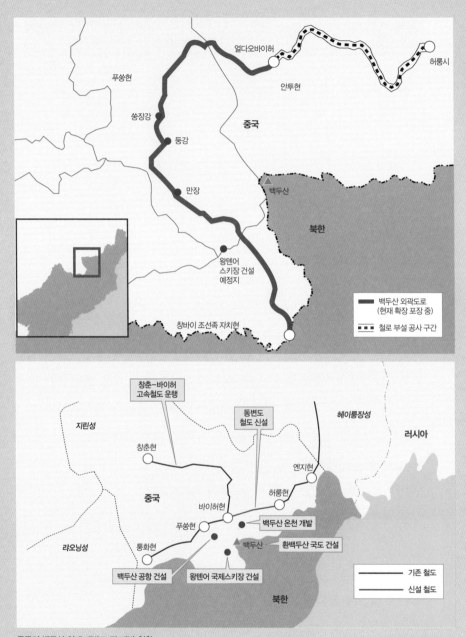

중국의 백두산 일대 개발도 및 개발 현황

로 건설공사가 한창인 모습을 시도 때도 없이 볼 수 있다. 등산로 입구에는 대규모 숙박 시설과 휴양 시설이 속속 들어서고 있다. 안타까운 것은 급속한 개발로 백두산이 본래의 모습을 점점 잃어 가고 있다는 점이다. 이러한 현장은 미디어를 통해 쉽게 접할 수 있다. 최근 중국이 백두산 개발에 더욱 열을 올리고 있기 때문이다. 관할 행정기관을 따로 두고 있을 뿐만 아니라 유네스코에 세계자연유산과 세계지질공원으로 등재하는 것을 추진하고 있다. 그중 세계지질공원은 '지질학적 희소성을 갖추고 자연경관이 수려하며 유적이 잘 분포되어 있는 곳'에 대해 유네스코가 지정하는 공원이다. 중국에는 이미 여덟 곳이 세계지질공원으로 등재되어 있다.

그런데 왜 이렇게 백두산 개발에 열을 올리는 것일까? 표면적으로는 아름다운 유산을 보호 관리하는 것이 그 이유라고 한다. 하지만 이면에는 자국을 대표하는 세계적인 관광지로 백두산을 만들겠다는 중국의 속셈이 숨어 있다.

중국은 대대적인 개발을 위해 대규모 재원을 투입하며 외국 자본까지 끌어들이기 시작했다. 캐나다의 자본으로 백두산 서쪽에 왕톈어望天鵝 국제스키장을 건설했고, 2018년 제25회 동계올림픽을 유치하는 방안을 추진하고 있다. 이외에도 백두산 주변을 잇는 동변도東邊道 철로 건설에 들어가는가 하면, 백두산 서쪽 푸쑹현撫松縣 쑹장강松江에 백두산 공항 건설을 시작했다. 그리고 백두산 주변에는 환環백두산 국도를 건설하고 있다. 특히 지린성 정부는 창춘-백두산, 옌지延吉-백두산 사이에 고속철도를 운영하기로 하여 백두산을 갈 수 있는 다양한 관광 경로를 열고 있다. 통신·오염 처리 시설도 대규모로 구축된다.

하지만 중국은 백두산의 상당 부분을 차지한 북한과 거의 협의를 하지 않고 진행 중이다. 북한의 협조 없이는 프로젝트가 온전한 성공으로 끝날 수 없다. 예를 들어, 백두산 순환도로는 북한 구간을 연결하지 않으면 완성이 불가능하다. 또한 남쪽에서 올라가는 등산로는 정상에 오르더라도 북한 땅으로 발을 옮기지 않으면 천지가 보이지 않는다. 결국 북한 없이 백두산을 개발하는 것은 사실상 불가능한 셈이다. 모두가 염려하는 상황임에도 불구하고 중국은 단독 개발을 강행하고 있다. 왜 그럴까?

중국 입장에서는 북한을 끌어들일 경우 백두산을 함께 소유하는 것으로 비치기 때문이다. 게다가 중국이 단독으로 백두산을 세계유산에 등재하는 데 열을 올리고 있어 북한이 외려 방해가 될 것으로 분석하기 때문이다.

중국의 독단적인 백두산 개발 프로젝트와 관련해 대한민국은 끊임없이 비판의 목소리를 높이고 있다. 이 사업을 계속해서 강행하는 것은 국제사회에 백두산의 소유권이 마치 중국에 있다는 의미로 보일 수 있기 때문이다. 과거에 백두산의 관할권을 뺏는 것은 민족의 상징을 빼앗는 것이라고 반발한 적이 있었다. 하지만 이러한 노력에도 중국으로의 이관을 막지는 못했다. 여전히 백두산 관광산업과 개발은 논란의 중심에 서 있다.

개발과 보존의 기로에 선 백두산

오랜 세월 동안 '개발과 보존'은 서로 한 치의 양보도 없이 대립하고 있다. 이 주제에서 백두산도 예외는 아니다. 백두산 관광산업의 급속한 발전은 경제 수익의 증가라는 엄청난 이득을 남겼으며, 앞으로도 그러할 것은 자명하다. 하지만 동시에, 자연 경관에 대한 파괴와 환경오염도 가속화시켰다. 날로 심각해지는 환경문제를 놓고 개발과 보존의 기로에 선 백두산. 현재 백두산에서는 어떤 환경문제들이 일어나고 있을까?

MANY SPECIES · ONE PLANET · ONE FUTURE
WORLD ENVIRONMENT DAY · 5 JUNE 2010

UNEP
United Nations Environment Programme

유엔환경계획에서 '세계 환경의 날'을 기념해 제작한 포스터. 생물의 다양성을 보존해야 한다는 울림이 있다.

지금 백두산은 관광쓰레기로 몸살을 앓고 있다. 천지와 폭포를 찾아온 관광객이 무분별하게 버리는 생수병, 비닐봉투, 담뱃갑, 꽁초, 캔, 인스턴트 포장지, 건전지 등을 백두산 인근에서 쉽게 발견할 수 있다. 이 쓰레기들이 부패되어 가는 과정 때문에 악취가 나 눈살이 찌푸려지기도 한다. 관광서비스 업소들의 대량 쓰레기도 만만치 않다. 백두산 인근에 호텔이나 외식업체가 우후죽순으로 생겨나는 중인데 이때 건축자재나 음식물 쓰레기들이 여기저기 버려지고 있다. 자연보호구 관리법에 보호구 내 건축물은 원래 허가가 나지 않으며 발생된 쓰레기도 보호구 밖의 처리장으로 옮겨 처리하는 것으로 규정되어 있는데, 많은 사람들이 이를 지키지 않고 있다.

가장 심각한 문제는 쓰레기들로 인해 오염되어 가는 하천과 나무들이다. 백두산의 모든 호수와 폭포가 그런 것은 아니지만 일부 하천은 이미 쓰레기들로 오염되어 있다. 물고기는커녕 곁에 가기만 해도 기분 나쁜 냄새가 풍긴다. 건축 시공회사에서 마구 버린 페인트 통, 폐타이어, 파손된 건축 자재들이 하천에 잠겨 있는 것을 목격할 때도 있다. 보호구 길가의 나무들도 말라 죽어가고 있다. 최근 이슈화되고 있는 백두산 야생동식물의 멸종과도 무시할 수 없을 만큼 깊은 관련이 있다. 쓰레기산으로 변해 가는 백두산, 썩어 가고 있는 생물자원, 죽어 가고 있는 야생동물들 같은 심각한 문제에 하루빨리 대비해야 한다.

인간은 더 나은 삶을 위해서 끊임없이 개발을 추구한다. 하지만 이러한 개발이 인간의 감성과 본성마저 잃게 한다면, 또 파괴된 환경 속에서 인공적으로 생명을 유지해 나가야 하는 상황이 된다면 인간이 살기에 더 나은 환경이라고 할 수 없다. 백두산을 위해서 진정한 개발이 무엇인지 생각해 봐야 할 시점이다. 진정한 개발은 인간의 삶을 풍요롭게 하는 것뿐만 아니라 보존 속에서 공존되는 개발이어야 한다.

백두산은 유라시아 동부에서 해발고도가 제일 높은 산이다. 그 정상에는 물과 불의 조화인 천지가 있으며, 유네스코가 '인간과 자연' 생물보호권으로 지정한 지역이자 접경지대의 생태 환경이기도 하다. 이에 백두산의 환경문제는 단순히 환경오염의 문제가 아니다. 주변국의 환경에도 굉장한 영향을 끼칠 수 있다. 환경문제가 지속된다면 우리의 후손은 쓰레기 백두산을 물려받을지도 모를 일이다.

백두산의 개발과 보존의 기로에서 정도正道를 지킬 수 있는 방법은 없을까? 오염 속에서 백두산을 지킬 수 있는 방법은 무엇일까?

첫째, 정부와 관광관리국 등 관계책임자들은 백두산의 오염 실태에 대한 긴박성과 심각성을 느껴야 한다. 이는 곧 우리 정부가 백두산 관리와 감독을 철저히 하는 것과 연관이 된다.

둘째, 시민들의 관심과 여론을 불러일으켜야 한다. 백두산 사진전, 미디어를 통한 백두산의 모습 등 많은 사람들에게 백두산의 현주소를 알려야 한다. 시민들의 관심과 의식을 높이는 것이 무척 중요하다.

셋째, 중국 정부와 협력해 백두산 보호 운동을 전개해야 한다. 곧 진정성 있는 환경교육이 이루어져야 한다.

환경오염 문제는 어디서나 보편적으로 존재하는 문제라 할 수 있다. 하지만 그중에서도 동북아시아 경제권에 위치한 백두산의 환경문제는 우리나라와 북한, 중국과 협력을 통해 반드시 지켜 나가야 한다.

4장

민족의 역사·문화가 깃든 백두산

10
백두산의
신비를 품은
신화와 설화

〈단군신화〉 속에 백두산이?

백두산은 그 유구한 역사만큼이나 다양한 신화와 설화가 전해져 내려오고 있다. 예부터 우리 선조들은 입에서 입으로 전해지는 이야기를 참 좋아했다. 무수한 소재들 가운데 특히 민족의 영산인 백두산에 얽힌 신화와 설화는 그 백미를 장식했다. 무엇보다 이 이야기에 우리 민족의 근본이 담긴 건국신화를 비롯해 주변 민족들과의 관계를 보여 주는 다양한 사상들이 포함되어 있기 때문이다. 백두산에 얽힌 여러 이야기들을 통해 우리 민족의 근원을 생각해 보도록 하자.

가장 먼저 소개할 첫 번째 신화는 우리 민족의 뿌리요, 시조인 단군과 관련되어 있다. 역대 문헌 중에서 백두산이 가장 먼저 등장하는 기록은 앞에서도 말했듯 1285년 일연이 편찬한 《삼국유사》이다. 여기서 백두산을 태백산으로 지칭하고 있는데, 바로 환웅이 내려온 산이다. 일연은 《고기古記》의 기록을 인용해 다음과 같이 기술하고 있다.

> 옛날에 환인桓因의 작은 아들 환웅桓雄이 있었는데 자주 천하를 차지할 뜻을 두었다. 그리하여 인간이 사는 세상을 탐내어 구했다. 그 아버지가 아들의 뜻을 알고 삼위태백산三危太白山을 내려다보니 인간들을 널리 이롭게 해 줄 만했다. 이에 환인은 천부인天符印 세 개를 환웅에게 주어 인간 세계를 다스리도록 했다. 환웅은 무려 3천 명을 거느리고 태백산 꼭대기에 있는 신단수神檀樹 밑에 내려와 여기를 신시神市라고 했다. 그는 풍백風伯·우사雨師·운사雲師를 거느리고 곡식, 수명, 질병, 형벌, 선악 등을 주관하고 모든 인간의 360

여 가지 일을 주관하여 세상을 다스리고 교화했다.

위의 기록에 등장하는 환인의 아들 환웅이 바로 단군의 아버지이며 태백산은 우리 민족이 발원하는 근거지가 된다. 이때 백두산의 명칭은 백산白山 혹은 태백산과 혼용되어 사용해 왔다. 환웅의 신화는 단군의 탄생설화로 이어진다.

〈단군신화〉를 통해 우리 민족은 홍익인간弘益人間, 즉 인간을 널리 이롭게 해 주는 평화와 덕치의 이념을 뿌리부터 지니고 숭상해 왔다는 점을 알 수 있으며, 그와 같은 통치 이념이 백두산을 무대로 펼쳐졌다는 점을 알 수 있다. 더불어 환인 같은 신들과 우리 민족을 연결하는 성스러운 공간으로서 백두산을 인식해 왔다는 사실을 알 수 있다.

주몽과 왕건도 백두산과 관련이 있네?

백두산과 관련된 신화 중 〈단군신화〉 다음으로 널리 알려진 이야기를 꼽으라면, 고구려의 시조인 동명성왕과 관련된 신화를 들 수 있다. 《삼국사기》의 〈고구려본기〉에서는 다음과 같이 기록되어 있다.

동부여에서는 해부루가 죽은 뒤 금와金蛙가 왕위를 이었다. 어느 날 금와왕이 **태백산** 남쪽으로 사냥을 나갔다가 우발수 강가에서 웬 여인을 만났다. 왕이 내력을 물으니 여인이 이렇게 말했다.
"저는 하백河伯의 딸로서 이름은 유화柳花라고 합니다. 어느 날 동생들과 함께 나와 놀고 있을 때 한 남자를 만났는데, 그는 스스로 천제의 아들 해모수라고 했습니다. 그는 나를 웅신산熊神山 아래에 있는 압록강 가의 집으로 데리고 가서 사랑을 나누고 다시는 나타나지 않았습니다. 우리 부모는 중매도 없이 인연을 맺었다 하여 나를 내쫓았습니다. 그래서 이렇게 우발수 강가에 와서 살고 있습니다."

금와왕은 이상하게 여기고 그 여자를 데려다가 깊숙한 방에 가두었다. 그랬더니 그 여자에게 햇빛이 비치는데, 그 여자가 피하면 햇빛이 따라와서 비추는 것이었다. 그 후로 여자에게 태기가 있더니 닷 되들이만 한 큰 알을 낳았다.

금와왕은 좋지 못한 일이라 하여 그 알을 버리게 했다. 개와 돼지에게 주었지만 먹지 않았다. 알을 길바닥에 버렸더니 소와 말이 밟지 않고 피해 갔다. 들판에 버렸더니 새들이 날아와 날개로 감싸 주었다. 왕이 알을 쪼개 보려고 했으나 깨어지지 않으므로 하는 수 없이 어미에게 돌려주었다. 여자는 포대기로 알을 싸서 따뜻한 곳에 두었다.

얼마 후 한 사내아이가 알의 껍질을 깨뜨리고 나왔다. 아이는 생김새가 영특하고 준수하여 겨우 7세에 숙성한 품이 남과 다르고, 손수 활과 화살을 만들어 쏘는데 백발백중이었다. 부여 사람들의 말에 활 잘 쏘는 사람을 주몽이라 했으므로 아이의 이름도 '주몽'이라 불렀다.

〈단군신화〉에서 등장하는 태백산은 〈주몽신화〉에서 웅신산으로도 등장한다. 웅신산이라는 이름은 〈단군신화〉 속 웅녀와 관련이 있으며 곰을 토템으로 숭배하는 부족과 연계되어 있음을 유추할 수 있다.

《고려사》를 보면 고려를 건국한 왕건王建의 조부도 백두산과 관련이 있음을 알 수 있다. 그 내용을 살펴보면 다음과 같다.

옛날에 '성골장군'으로 자칭하는 호경이라는 사람이 있었는데 백두산에서부터 산천을 두루 구경하다가 개성 송악산 왼쪽 산골에 와서 거기에서 장가를 들고 살았다. 그의 집은 부유했으나 아들이 없고, 활을 잘 쏘아 사냥을 일삼고 있었다. 호경은 산에서 사냥을 하다가 호랑이로 둔갑한 산신과 혼인하여 아들을 낳게 됐는데 그 아들이 강충이다.

강충은 개성 근처 영안촌 부자 구치의의 딸과 결혼해서 보육을 낳았다. 보육은 두 딸을 낳았는데 당시 당나라 숙종이 왕이 되기 전에 천하를 유람한다며 송악 근방에 왔다가 이 집에 머물러 둘째 딸 진의와 합방하고 돌아간 뒤 아들을 낳아 작제건(왕건의 할아버지)이라 불렀다.

작제건이 나이가 차서 당나라 귀인의 아들이라고 일러 주니 배를 타고 아버지를 찾아 당나라로 건너가려 했으나 폭풍이 밀려와 가지 못해 뱃사람들이 고려인을 희생양으로 삼아야 한다고 주장해 바다에 뛰어내렸다.

바다에 뛰어든 작제건은 서해 용왕을 만나 그의 청을 들어주고 대신 용왕의 딸과 결혼해 일곱 가지 보물을 얻어 송악으로 돌아와 네 아들을 낳았는데 첫째가 용건(아버지)이다. 어느 날 당대 최고의 도사인 도선대사가 용건에게 와서 말하기를, 삼한을 통합할 아들이 태어날 것이라고 예언했는데 과연 그 뒤 아들을 낳아 이름을 왕건이라 했다.

위에서 호경이 바로 왕건의 증조부이며, 호경이 이른 곳이 고려의 도읍지인 개경에서 가까운 송악산이다. 그러나 기록을 통해 그의 원래 뿌리는 민족의 성산聖山 백두산에서 출발하고 있음을 알 수 있으며, 고조선의 〈단군신화〉와 고구려의 〈주몽신화〉에 이어 고려의 《고려사》를 통해서도 백두산이 중요한 위치를 점하고 있었음을 알 수 있었다.

만주족도 백두산에서 시작을?

청을 건국한 만주족도 자신들의 뿌리를 백두산에서 찾는다. 중국 최고最古의 지리서 《산해경》을 보면 "대황 한가운데 산이 있는데 이 산의 이름은 불함不咸이라 하여 숙신肅愼 씨의 나라에 있다."라고 나온다. 여기서 '숙신'을 만주족은 자신들의 선조라고 여긴다. 특히 만주족의 건국 신화라고 할 수 있는 후금後金의 시조 애신각라愛新覺羅의 신화를 보면 백두산을 숭상하는 만주족의 정서를 잘 알 수 있다. 청 때 편찬된 만주 지역 역사서 《만주원류고滿洲源流考》에서는 이 신화의 내용을 다음과 같이 소개한다.

장백산 동쪽에 있는 포고리산 아래 포륵호리라는 연못이 있었다. 거기에 천녀天女 셋이 있었는데 첫째가 은고륜, 둘째가 정고륜, 셋째가 불고륜이다.
어느 날 세 천녀가 포륵호리 연못에서 목욕을 하는데, 까치가 붉은 과일 하나를 물고 날아와 불고륜의 옷에 놓았다. 막내인 불고륜은 그 열매가 아까워 땅에 놓지 못하고, 입에 문 채로 옷을 입다가 과일을 그만 삼켰고, 임신이 되었다. 그때 언니들은 하늘로 돌아가고 불고륜만 남아 땅에서 남자 아이를 낳았다.

아이가 자라자 불고륜은 붉은 과일을 삼켜 임신한 사실을 알려 주며, "성씨는 '애신각라'로, 이름은 '포고리옹순'으로 하여라. 하늘이 난국을 안정시키려 너를 낳았으니 가서 세상을 다스려라. 물을 따라 내려가면 그 땅에 이를 것이다." 하고는 작은 배를 주고 하늘로 돌아갔다. 그 아들이 배를 타고 강을 내려가 닿은 지방을 평화롭게 하고는 나라를 세우는데, 그 이름이 '만주'이다.

이후 후금이 건국되자 만주족들은 백두산을 국조의 탄생지로 신성시하여 영경靈境이라 했고, 강희 17년에는 장백산신長白山神으로 높이고 대관을 파견하여 제사를 지내는가 하면 일반인의 출입과 거주를 금하는 금봉책禁封策을 실시하기도 했다. 이처럼 백두산은 우리 민족뿐만 아니라 만주족에게도 성산이며 성지로 여겨 왔다.

만주족의 신화를 좀 더 자세히 관찰해 보면 우리 신화와의 유사점을 발견할 수 있다. 먼저 만주족의 신화에 등장하는 세 자매의 경우, 〈주몽신화〉에 나오는 하백의 세 딸을 연상시킨다. 두 신화에는 자신들이 살고 있는 지역을 벗어나 백두산 근처의 못에서 목욕을 했다는 내용이 있다. 또 주몽을 임신한 유화처럼 불고륜도 우여곡절 끝에 임신을 하고, 그 아들은 자신의 혈통을 당당히 밝히는 방법으로 국가를 세웠다는

청 왕 조 는
신 라 의
후 손 들 이
세 웠 다 ?

《금사본기(金史本紀)》 1권 〈세기〉에 보면 "금나라 시조의 이름은 함보(신라 출신 왕족)인데 고려에서 온 신분이다."라고 나온다. 금나라의 견문록 《송막기문(松漠紀聞)》에서는 "여진의 추장은 신라인이고, 완옌(完顔) 씨는 중국 말로 '왕'과 같다."라는 구절이 등장한다.

완옌 아구다의 선조는
신라 사람 함보

조선을 침략한 청나라는 여진족의 후신(後身)으로, '여진족이 세운 금나라를 다시 세운다'는 뜻에서 후금이라 했다. 청나라의 전신(前身)인 금나라는 뛰어난 기마군대로 중원(中原)을 위협했다.

금나라 태조 아구다(阿骨打)의 선조는 신라인이다. 금나라를 세운 여진족은 원래 말갈족이라는 이름으로 만주 일대에 살았고, 발해가 멸망한 후 계속 만주와 연해주 일대에 살며 거란족의 지배를 받았다. 여진족은 거란족이 세운 요나라를 멸망시킨 후 중원의 중심 세력으로 부상했다. 이때 고려에서 온 신라인이며 금나라의 시조인 함보(函普)가 여진에 들어온 시기는 신라 말, 고려 초기로 본다. 아구다의 조상 함보는 과연 누구일까? 금나라 역사를 보면, 900년경 신라가 멸망한 이후 신라의 부흥을 꿈꾸다 여의치 않자 여진 아지고촌(阿之古村)으로 흘러들어 간 인물이라고 한다.

금나라 태조 완옌 아구다

청나라 왕족들의 성이 김 씨?

금나라 멸망 후 1606년, 여진은 다시 중원을 장악했다. 바로 중국의 마지막 왕조 청이다. 1616년 청나라 태조인 누르하치(努爾哈赤)는 국명을 '후금'이라 고치고, 황제의 성을 '아이신줴뤄(愛新覺羅)'라 했다. 청나라의 역사서 《만주실록》에는 청 황실과 만주족에 대한 상세한 기록이 나온다. 그들은 하늘의 불고륜의 후손들이며, 성은 아이신이라고 한다. 아이신은 만주어로 '금(金)'이라는 뜻이다. 줴뤄는 '성' '씨족' 등과 같은 의미이고 성씨 뒤에 붙는다. 청 황실의 아이신줴뤄는 금 부족들, 김 씨들 또는 김 씨 집안을 뜻한다.

청 태조 누르하치

공통점이 있다.

　이처럼 백두산은 동북아에 위치한 여러 민족 중에서도 우리 민족과 청을 세운 만주족에게 특별한 의미가 있다고 말할 수 있다.

백두산과 천지는 어떻게 탄생했을까?

백두산은 오래전부터 우리 민족의 숭상을 받아 온 성스러운 산이다. 그렇기 때문에 백두산과 관련된 설화나 민담, 전설 등이 많이 전해지고 있다. 그중 백두산의 탄생 이야기가 담긴 재미난 설화를 소개하고자 한다.

　멀고 먼 옛날, 한 마을에 착한 젊은이가 살았다. 그는 어려서부터 제대로 먹지 못한 탓에 스무 살이 넘자 머리가 하얗게 셌고, 사람들은 그를 흰머리라는 뜻으로 '백두공白頭公'이라 불렀다.
　아버지와 단둘이 사는 백두공은 매일 밤낮 부지런히 일했지만 늘 끼니를 걱정해야 했다. 그러던 어느 날, 땡볕 아래 주린 배를 움켜쥔 채 논일을 하는 백두공에게 늙은 아버지가 쌀밥을 내밀었다. 친구 집에 잔치가 있어 다녀오는 길에 얻어 왔다고 했다. 오랜만에 쌀밥을 먹은 백두공은 기운이 솟아 다시 일을 하기 시작했다. 그런데 물길을 끌어오려고 강을 가 보니, 아버지가 정신을 잃고 쓰러져 있었다. 백두공은 강가에 있는 오목한 돌에 먹은 밥을 토해서 물에 헹군 뒤 조금씩 아버지의 입으로 흘렸다. 아버지가 가까스로 정신을 차리자 백두공은 눈물을 흘리며 자책했다. 이에 아버지는 "아비가 아들을 생각하는 마음이나 아들이 아비를 생각하는 마음이 어찌 잘못이겠느냐? 죄라면 가난이 죄지. 울지 마라."며 위로했다. 두 부자가 눈물을 흘리는 동안 희한하게도 비어 있던 오목한 돌에 하얀 쌀밥이 가득 차 있었다. 이들은 어안이 벙벙했지만 배불리 밥을 먹었다.

다음 날, 백두공이 오목한 돌에 남은 쌀을 넣어 보니 돌 안에 금세 쌀이 넘쳐흘렀다. 백두공은 그 쌀을 집 독에 가득 채웠고, 가난한 이웃 사람들에게도 고루 나눠 주어 마을에는 굶주리는 사람이 아무도 없게 되었다. 한편 마을 관아에서는 한바탕 난리법석이 일어났다. 누군가 창고에 보관되어 있는 쌀을 꺼내 간다는 것이었다. 사람들이 도깨비짓이라고 수군거릴 무렵, 어느덧 한가위가 다가왔다. 백두공은 사람들이 떡을 해 먹을 수 있도록 오목한 돌에서 계속 많은 양의 쌀을 받았다. 그런데 관아 사람들이 백두공의 집 마당 앞으로 길게 떨어진 쌀을 발견했고, 병사들이 들이닥치자 백두공은 돌을 안고 뒷문으로 도망쳤다. 거의 잡힐 위험에 처했을 때, 백두공은 돌 안에 흙을 한 줌 넣고 품에 꼭 안았다. 그러자 돌 안에서 흙이 쏟아져 나오기 시작했고, 흙은 넘치고 넘쳐 백두공을 묻어 버린 채 그 위로 계속 쌓였다. 이 광경을 본 병사들은 달아났고 마침내 그곳은 이전엔 본 적 없던 커다란 산으로 변해 버렸다. 사람들은 산에 묻힌 마음씨 착한 청년을 기리며 그의 이름을 따 이 산을 백두산이라 부르기 시작했다.

천지와 관련된 설화도 풍성하다. 그도 그럴 것이 백두산 정상에 위치한 천지는 탁월한 신비감을 간직하고 있기 때문이다. 대표적인 것이 '흑룡黑龍'과 관련된 전설이다.

아득한 옛날, 백두산 자락의 한 평화로운 마을에 재앙이 몰아닥쳤다. 심술궂은 흑룡이 하늘에서 나타나 물칼로 백두산 물줄기를 모두 끊어 버렸다. 물줄기가 말라붙자 마을 사람들은 심한 가뭄에 시달려야 했다. 이 소식을 들은 공주는 신랑감을 구하자는 임금에게 백두산 마을의 흑룡을 물리친 자한테 시집을 가겠다고 말했다.

한편 백 씨 성을 가진 한 장수가 나타나서 마을 사람들과 함께 물줄기를 찾아 땅을 파기 시작했다. 며칠 동안을 파고 또 파니 드디어 구덩이에서 물이 콸콸 솟아올랐다. 하지만 그때 거센 비바람이 불면서 번개가 치기 시작했다. 사람들은 두려움에 떨었고, 그때 공주는 그날 밤 꿈에서 흰옷을 입은 노인을 만났다.

"나는 하늘을 지키는 신선이요. 흑룡의 심술로 백두산 마을에 큰 가뭄이 들어 사람들이 고통받고 있소. 백 장수가 물줄기를 찾아 샘물을 팠지만, 흑룡의 심술로 다시 샘을 쓸 수 없게 되어 버렸소. 그러니 공주가 가서 장수를 도와주시오. 장수가 흑룡을 이기려면 백두산에 있는 옥장천의 샘물을 석 달 열흘 동안 마셔야 하오."

꿈에서 깬 공주는 백 장수를 찾아가 옥장천으로 데리고 갔다. 석 달 열흘 동안 옥장천 물을 마신 장수는 날로 힘이 세졌다. 백일이 되는 날, 장수가 힘을 다해 땅을 파자 갑자기 땅속에서 불칼이 솟아올랐다. 불칼에 찔린 장수는 피를 흘리며 쓰러졌고, 공주는 급히 옥장천으로 데리고 가 다시 물을 마시게 했다. 그러자 상처가 아물었고, 장수는 더욱 힘이 세졌다.

힘을 얻은 장수와 공주는 함께 땅을 파기 시작했다. 깊이 파인 땅에서 어느새 물이 솟아올랐다. 두 사람은 이 샘물을 '하늘과 맞닿아 있는 샘'이라 하여 천지라 이름을 지었다. 하지만 기쁨도 잠시, 백두산에 샘물이 터졌다는 이야기를 들은 흑룡이 다시 나타나 장수와 겨루었다. 한참을 싸운 흑룡은 힘이 부치자 불칼로 샘물을 끊으려 했다. 그러나 장수의 칼이 불칼을 두 동강 내면서 한 조각이 샘물의 북쪽 바위에 툭 떨어졌다. 그때부터 천지는 백두산의 기슭으로 흐르게 되었다. 그 후 백 장수와 공주는 천지 물속에 수정궁을 지은 뒤, 천지를 지키며 행복하게 살았다.

– 출처:《살아 있는 백두산》, 박은오·이재훈 공저, 과학동아사이언스

동식물과 관련된 백두산의 신화와 설화

백두산은 경관의 수려함만큼이나 다양한 동식물의 서식지로도 유명하다. 동물과 관련된 설화로는 신선 꽃사슴 이야기, 인삼과 꽃사슴 이야

기, 금붕어 처녀 이야기 등이 있다.

'신선 꽃사슴 이야기'는 어릴 때 부모를 잃고 대를 이어 종살이하는 대걸이라는 청년이 함정에 빠진 아기 꽃사슴을 구해 준 것을 계기로, 사슴의 보은 덕분에 천생배필을 만날 뿐만 아니라 조상 때부터 내려오던 빚을 탕감 받아 행복한 여생을 살았다는 내용이다. 자신도 모르는 사이에 동물을 구한 것이 복으로 연결된다는 설화의 내용은 인간과 자연의 교감이라는 동양적 세계관 역시 반영되어 있다.

'인삼과 꽃사슴 이야기'는 천상의 선녀들이 백두산 소천지로 유람을 나왔다가 막내 천녀가 바람을 따라 들려오는 피리 소리에 취해 홀린 채 따라갔다가 한 총각을 만나 사랑에 빠진다는 내용이다. 그 후 천녀는 천지에 내려올 때마다 피리 부는 총각을 훔쳐보았고 결국 서로 사랑을 키워 갔다. 그렇게 시간 가는 줄 모르고 행복을 즐기던 어느 날, 소식을 전해 들은 천왕은 진노하여 변신술에 능한 대신을 시켜 이들을 떼어 놓으라고 명했다. 이에 대신이 백두산에 내려왔을 때 함께 약초를 캐러 나온 천녀 부부는 점심을 먹고 낮잠을 자는 중이었다. 총각이 눈을 뜨니 천녀는 사라지고 빨간 달을 쓴 풀 한 포기가 가슴에 안겨 있었다. 총각이 그 인삼을 쓰다듬으려 하다가 자신도 사슴으로 변한 것을 알았다. 붉은 수건을 쓴 천녀는 붉은 달이 맺히는 인삼이 되었고, 소나무 밑에서 자던 피리 부는 총각은 햇빛이 아롱아롱 그의 몸을 비췄기 때문에 오색 무늬가 입혀진 사슴이 되었다. 백두산에서 볼 수 있는 대표적인 동식물 중 하나가 꽃사슴과 인삼이라는 점에서 고개가 끄덕여지는 설화이다.

마지막으로 '금붕어 처녀 이야기'는 효성이 지극한 달문이라는 청년이 홀아버지를 여의고 시름에 빠져 있을 때, 꿈에 나타난 아버지의 지시로 연꽃이 있는 백두산 속의 호수로 달려가 거기서 금빛 찬란한 금붕어 한 마리를 그릇에 넣어 집으로 돌아오는 데서 이야기가 시작된다. 이후 금붕어는 아리따운 아가씨로 변해 그의 앞에 나타나는데, 그 모습에 달문은 청혼하고 급기야 둘은 부부의 연으로 이어졌다. 때마침 동네의 사또가 사냥을 나왔다가 달문의 아내를 보고 아름다움에 반해 그녀를 취하고자 수작을 부리던 중, 달문에게 장기 내기를 제안했다. 자신이 이기면 달문의 아내를 뺏으려는 의도였다. 달문이 이 일로 고민하자 아내는 원래 그녀가 있던 호수로 가 보라는 조언을 했고, 그는 그곳에서 아내의 부모를 만나 내기에서 이길 수 있는 조그마한 상자와 늙은 당나귀를 선물로 받았다. 이것들로 달문은 사또로부터 아내를 지켜 냈고, 당나귀가 호랑이로 변해 사또와 그의 천리마를 강물에 빠뜨려 죽었다. 이 이야기 역시 금붕어, 호랑이, 천리마 같은 동물들이 등장하는 설화의 구조를 가지고 있다. 특히 부패한 권력에 대항하여 자신들의 사랑을 지켜 내는 이야기는 당시 가렴주구를 일삼던 권력의 행태를 고발하는 내용을 담고 있다.

이와 같이 백두산의 설화는 인간과 동물의 밀접한 관련성, 선행에 대한 보상 등을 그 주제로 다루고 있음을 알 수 있다.

한편 저지대부터 고지대까지 백두산의 지형적 특성이 골고루 반영된 식물종의 분포는 그와 관련된 다양한 설화의 배경이 됐다. 식물과 관련된 설화로는 장생초 이야기와 인삼 이야기가 대표적이다.

'장생초 이야기'는 노모를 모시는 효성이 지극한 젊은이가 소작으로 근근이 살아가던 중 악덕 지주의 수탈을 견딜 수 없어 깊은 산골짜기로 이사를 떠나는 내용에서 시작된다. 깊은 산중에 들어가 열심히 땅을 일구며 살았지만, 살림은 나아지지 않고 설상가상으로 노모는 병들어 죽을 날만 기다리는 신세가 됐다. 백두산에 사람의 병을 낫게 하고 불로장생하는 장생초가 있다는 풍문을 전해 들은 젊은이는 약을 구하기 위해 엄동설한에 길을 나섰다. 모진 눈바람을 뚫고 겨우 백두산 밑에 도달했을 때 한 노파를 만나 자신의 기구한 형편을 설명했고, 노파는 자신을 대신해 뿌려 달라며 종이봉투에 든 종자를 건넸다. 효심이 남달랐던 젊은이는 두고 온 노모가 떠올라 그 청을 기꺼이 들어주기로 하고 드디어 고생 끝에 백두산의 정상에 올랐다. 하지만 때마침 부는 바람에 종자를 날려 버렸는데, 갑자기 사방이 따뜻해지며 눈이 녹더니 땅에 떨어진 종자에서 싹이 나고 풀이 올라왔다. 그때 헤어졌던 노파가 다시 나타나 그 풀이 바로 장생초라고 알려 주었다. 젊은이가 그것을 가져다가 노모에게 먹이니 병이 깨끗하게 나았고 오래오래 행복하게 살았다. 이후 그 풀은 백두산에서만 채취되는 장생초의 연원이 됐다. 이 설화 역시 효심을 기리는 내용이 중심이지만, 백두산의 심연深淵과 특별히 그곳에서만 볼 수 있는 약초의 영험함 등을 강조하는 내용도 포함하고 있다.

다음으로 '인삼 이야기'는 약효가 뛰어나기로 유명한 인삼을 소재로 하여 이를 백두산과 연결 짓는 전설적 구조를 가진 설화이다. 병들고 늙은 어머니를 모시고 살아가는 바위라는 청년 앞에 어느 날 홍안紅顏의 소년이 나타나 그의 일을 도왔다. 초동樵童은 지주地主가 바위에게 요구하는 땔감 구하기 같은 힘겨운 일을 도왔는데, 그 힘이 장사이며 움직임도 번개처럼 날쌔서 깊은 산중에서 만난 호랑이도 때려잡을 정도였다. 바위가 놀라워하며 소년의 본모습을 의아하게 생각했다. 마침 바위의 노모가 병들어 죽게 됐는데 그 사연을 하소연하니, 비로소 초동은 자신이 약효가 뛰어난 3천 년 된 인삼이라는 사실을 밝혔다. 악덕 지주 때문에 어쩔 수 없이 사람으로 변해 나타났다고 했다. 그러고는 자신의 한쪽 팔을 베어 내어 노모의 약에 쓰라고 바위에게 건넸다. 노모가 건강해졌다는 소문을 들은 지주는 한걸음에 달려와 바위와 노모에게 인삼의 소재를 말하라고 협박했다. 그러나 이를 거부하는 바위의 뒤를 몰래 미행하던 악덕 지주가 인삼 뿌리를 발견하고 파헤친 순간 인삼의 허리가 잘리면서 초동은 죽었고, 거기에서 나온 연기에 질식한 지주도 함께 횡사하고 말았다. 바위는 허리가 잘린 인삼을 묻고 해마다 그를 위해 정성껏 제사를 지냈는데, 어느 날 무덤에서 인삼 한 뿌리가 올라와 그 씨앗을 백두산 인근에 뿌리니 이후 많은 인삼이 나게 되었다. 이 설화도 백두산에 약효가 뛰어난 인삼이 많이 나는 점을 배경으로 하고 있다. 또한 초동으로 변한 인삼이 효심 깊은 청년을 돕는 이야기를 통해 효행을 높이 평가하고 소작의 착취를 일삼는 지주를 응징하는 권선징악적 구조를 가지고 있다.

백 두 산
호 랑 이 는
멸 종 된
것 일 까 ?

호랑이는 백수(百獸)의 왕이다. 힘과 전투력에서 압도한다. 표정과 풍기는 겉모습도 다른 동물들과 품격이 다르다.

호랑이와 우리 민족은 뗄 수 없는 문화적 유전자를 공유하고 있다. 호랑이는 〈단군신화〉에서 주연급으로 등장한다. 또 옛날이야기의 단골 소재이다. 학교와 군부대의 상징적 동물이기도 하며, 서울올림픽의 마스코트였다. 소설 속 임꺽정도 백두산에서 호랑이를 잡은 용맹스런 여성을 부인으로 택했다. 호랑이가 들어간 속담과 표현도 부지기수이다. 민화, 조각 등 시각예술에서도 중요한 부분을 차지한다. 이처럼 호랑이는 우리 생활에 크게 뿌리박혀 있다.

우리는 한국의 호랑이를 백두산호랑이라고 부른다. 그러나 중국은 '동북의 호랑이'라는 뜻으로 '둥베이후(東北虎)'라고 부른다. 러시아 사람들은 '시베리아 호랑이'라고 한다. 모두 호랑이 앞에 각기 다른 자신들의 지명을 갖다 붙인 것이다.

국내 언론은 서울대 수의대의 연구 결과를 인용해 2012년 2월 한국의 호랑이와 시베리아 호랑

1903년경 진도에서 잡힌 호랑이

이가 유전적으로 완전히 같은 혈통임을 보도한 바 있다. 실제 백두산호랑이는 20세기 초까지 한반도와 만주, 연해주를 무대로 광범위한 서식지를 장악하고 있었다. 서로 연결된 육로에서 백수의 왕답게 무소불위의 영역을 구축했던 것이다.

그러나 일본 강점기 때 탄압 정책으로 무차별 포획되면서 멸종됐다. 1903년경에 전남 진도에서 엽총에 맞아 드러누운 사진 기록이 있을 정도로 호랑이는 우리 땅 전체를 누볐다. 그리고 1921년 한반도에서 완전히 종적을 감춘 것으로 되어 있다. 백두산호랑이는 19세기 중엽까지만 하더라도 만주 벌판을 호령했다. 한반도와 중국 동북, 화북과 몽고, 중·러 변경(邊境)과 러시아 서 시베리아, 연해주 대부분의 지역이 활동 무대였다.

그런데 19세기 말에서 20세기 초까지 호랑이의 분포는 급감해 1950년대에는 중국 지린성 일대로 축소됐고, 1970년대에는 다싱안링(대흥안령 산맥)에서도 호랑이가 근절됐다. 샤오싱안링(소흥안령 산맥)도 1976년 네 마리의 기록을 끝으로 완전히 사라졌다. 현재 야생 호랑이는 전체 350~450마리로 추정된다. 대부분은 러시아 시베리아 지역에 있으며, 중국은 20마리 정도 서식 중이라고 한다. 아쉽게도 한반도에서는 야생 호랑이의 흔적이 전혀 발견되지 않고 있다.

11
우리
역사 속의
백두산

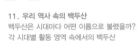
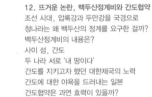
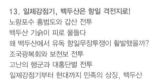

백두산은 시대마다 어떤 이름으로 불렸을까?

백두산은 옛날부터 여러 가지 명칭으로 역사서에 나타났다. 관련 명칭은 조선 시대 한치윤에 의해 정리됐는데 이전에는 불함산, 개마대산蓋馬大山, 도태산徒太山, 태백산 등이 있었다.

문헌에 보이는 최초의 이름은 중국 고대의 지리를 담은 《산해경》에 등장하는 불함산이다. 불함산의 '불함'이란 표현은 고대 몽골족의 '불이간不爾幹'에서 유래한 것으로 보인다. 기록에 따르면 "불이간은 곧 신을 섬기는 무당인데 창바이산을 높여 신산으로 삼은 것이다."라고 되어 있다. 따라서 불함산은 여기서의 '신산'이란 의미를 표현한 명칭으로 이해된다.

또 다른 이름인 개마대산은 한漢나라와 위魏나라 때에 사용된 명칭으로 사료에 의하면 "고구려에 복속된 동옥저는 개마대산의 동쪽에 위치해 있다."라는 내용과 "창바이산은 한의 서개마현의 경내에 있는 산으로 개마대산이 창바이산이라는 것은 의심의 여지가 없다."라고 하여 개마대산이 백두산의 다른 명칭으로 불렸음을 알 수 있다.

다음으로 도태산은 위진남북조 시기에 불린 명칭으로 "물길의 남쪽에 도태산이 있는데 위나라 말로 태황太皇이라 한다."라는 표현을 통해 역시 백두산이 신성한 존재로 인식되었음을 보여 준다.

또 태백산은 《삼국사기》와 수隋나라, 당唐나라 때의 사서들에서 확인되는 백두산의 또 다른 명칭이다. 고구려나 발해의 건국 초기에도 태백산과 관련된 기록이 남아 있다.

백두산은 《삼국유사》에서 통일신라 시기 오대산의 불교 신앙과 관련해 처음 등장하는데, "보천이 입적하는 날, 나라를 이롭게 할 일을 기록해 두었다. 이 산(오대산)은 곧 백두산의 큰 줄기인데, 각 봉우리는 항상 진신(부처)이 머무르는 곳이다."라고 남겨져 있다. 승려 보천이 굳이 오대산을 백두산의 큰 줄기라고 언급한 것은 백두산이 예부터 그보다 더욱 신성한 곳으로, 숭배의 대상이었기 때문이다.

이후에는 앞서 언급했듯이 고려 태조 왕건의 증조부인 호경이 백두산에서 내려왔음을 강조했고, 승려 도선이 왕건의 부친인 왕릉의 새로 지은 집을 보고 "지맥地脈이 북방의 물의 근원이요, 나무의 줄기인 백두산으로부터 와서 말 머리 모양의 명당에 떨어졌다."라며 왕건이 백두산의 신령한 기운을 받아 태어났다고 언급했다. 고려 시대의 백두산 기록은 고려 성종 10년(991년)의 사료가 가장 오래된 것으로 보인다. 여기에는 "압록강 밖의 여진족을 쫓아내어 백두산 바깥쪽에서 살게 했다."라는 기록이 남아 있다.

조선 초기의 백두산 관련 기록은 태종 때에 확인된다. "예조에서 산천에 지내는 제사에 대한 규정을 상정했다. '백두산은 모두 옛날 그대로 소재관에서 스스로 행하게 하소서' 하니 임금이 그대로 따랐다."라는 내용을 통해 백두산에 대한 제사가 옛 의식에 따라 행해졌음을 보여준다. 이는 고려의 백두산 신앙과 제사 전통이 계승된 것으로 이해할 수 있다.

〈용비어천가龍飛御天歌〉와 조선 시대 여러 지리지에서도 백두산이 나타나기 시작했다. "중국 사람들은 창바이長白라 부르고 우리나라 사람들은 백두白頭라 부르는데, 산이 매우 높아 사계절 내내 얼음과 눈이 있기 때문에 붙여진 이름이다."에서 알 수 있듯이 백두산이라는 이름은 정상에 백설白雪이 녹지 않고 남아 있는 형상에서 비롯된 것으로 설명된다. "백두산이 웅장하게 서 있었는데 사방 천리가 푸르고, 그 정상은 마

치 안반 같은 널반자에 흰 독을 엎어 놓은 듯한 모양이었다.”에서 확인
할 수 있다.

각 시대별 활동 영역 속에서의 백두산

백두산이 한국의 역사에서 본격적으로 등장하는 것은 고조선 시기부터
이다. 우선 《삼국유사》《제왕운기帝王韻記》《응제시주應製詩註》 등의 사서에
기술된 고조선의 건국 기록을 보면 환웅이 내려온 지역을 '태백산'이라
고 명기하고 있다. 당시 고조선과 국경을 접하고 있던 숙신(퉁구스족)들
의 기록에 '불함산 북쪽' 등이 언급된 것으로 보아 백두산 일대는 고조
선과 숙신의 경계를 나누는 중요 지역으로 추정된다. 즉 고조선 시기부
터 백두산은 한국인의 주요 활동 무대 중 하나였으며, 이는 《삼국유사》
에서 환웅이 태백산 신시에 내려왔다고 기록한 것이 신화 속 상징적 의
미만 담은 게 아니라 역사적으로 실재했다는 데서 알 수 있다.

　　　고조선에 이어 백두산 지역을 활동 무대로 삼은 왕조는 부여이
다. 그러나 부여의 기록은 다른 왕조들에 비해 극히 적기 때문에 고구려
와 부여의 관계를 통해 확인할 수 있다. 고구려를 건국한 주몽은 부여
출신이며, 주몽을 잉태한 유화부인은 태백산 남쪽 우발수에서 등장한
다. 이는 백두산이 고조선과 고구려를 연계하는 중요한 매개체로서 설
정되었음을 알 수 있다. 부여는 당시 현재 중국의 지린성과 헤이룽장성,
그리고 북한의 일부 지역을 포괄하는 세력으로, 백두산 일대를 무대로
성장했다. 부여가 고구려에 복속됐다는 것은 지린성에서 발견된 모두루
牟頭婁 묘지의 지석에 “모두루와 ㅁㅁ모에게 은혜롭게 어명을 내려 북부

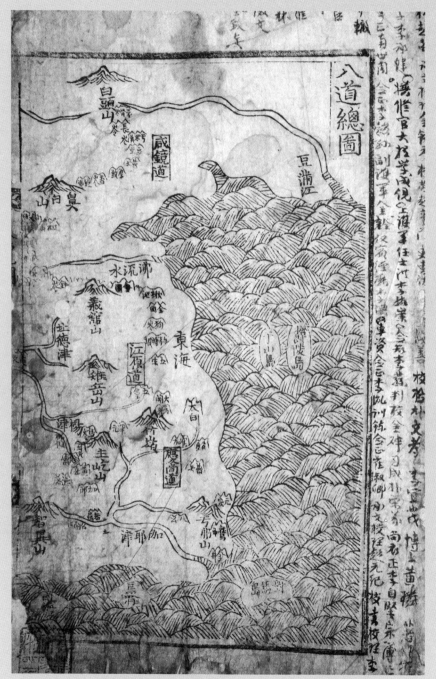

조선 중종 때 완성된 《신증동국여지승람》(1530)의 첫머리에 수록된 〈팔도총도〉 성종 때의 지리서 《동국여지승람》 (1481)의 증보판이다. 당시 백두산의 위치가 정확히 기록되어 있다.

여 수사로 보내셨도다."라는 구절을 통해 고구려가 부여를 장악하고 이 지역에 관리를 파견했음을 알 수 있다. "(고구려는) 환도의 아래에 도읍했는데 면적이 사방 2천 리가 되고 호수는 3만이다."라는 내용을 통해 고구려는 부여 복속 이후에도 환도 지역(지린성 지안)과 백두산 일원에서 활동했음을 알 수 있다.

광대한 영역을 차지했던 고구려가 나·당연합군에 의해 멸망됐지만, 곧바로 고구려를 계승한 발해가 건립되면서 지역의 주요 세력으로 이어졌다. 이때 발해가 이 지역을 어느 수준까지 회복했는지는 정확히 알 수 없으나 중국 사료에 보면 제2대 무왕에 이르러 상당한 지역을 장악했음을 알 수 있다. "땅은 사방 5천 리이며 부여, 옥저, 변한, 조선 등 바다 북쪽에 있던 여러 나라의 땅을 거의 다 차지했다. 넓은 땅을 개척하여 동북의 여러 오랑캐들이 두려워하여 발해의 신하가 됐다."라고 기록된 걸로 보아 발해 초기부터 백두산 일원은 주요한 활동 무대였다는 것을 짐작할 수 있다.

발해의 오경五京 제도와 연관해서 보면 백두산의 중요성은 더욱 부각된다. 서경압록부가 현재의 린장 지역에 설치되어 당나라를 비롯한 주변국으로 접근하는 중요한 통로 역할을 담당했고, 남경남해부와 동경용원부가 설치되어 각각 일본과 신라로 가는 주요 거점 역할을 담당했다. 지도에서 보는 바와 같이 서경과 상경, 동경과 남경 등을 이어 보면 백두산은 바로 그 중간 지점에 있다는 사실을 알 수 있다.

이밖에도 《삼국유사》에서는 "고려의 남은 세력이 북쪽의 태백산 아래 서로 의지했다. 나라 이름을 발해라 했다. 《신라고기新羅古記》에 말하기를, 고려의 옛 장수 조영은 대 씨이다. 남은 병사들을 모아 태백산 남쪽에 나라를 세우고 나라 이름을 발해라 했다."라고 하며 발해를 백

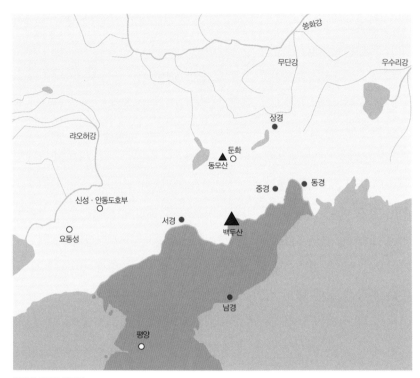

발해의 5경과 백두산

두산과 연관 지어 언급하고 있다. 종합하면 발해는 고구려 후손에 의해
성립된 왕조로 이해할 수 있고, 백두산이라는 상징적 지역을 거론함으로
써 옛 북방을 관할한 고구려를 계승한 왕조라는 점을 간접적으로 알 수
있다.

발해 멸망은
백두산 화산
폭발 때문?

백두산의 화산 폭발

"10세기 어느 무렵 겨울날이었다. 백두산이 화산 폭발의 순간을 맞이한다. 두터운 지각을 꿰뚫고 천지 칼데라 위로 엄청난 분연주(화산 가스와 화산재의 불기둥)가 상공 25㎞까지 치솟는다. 성층권까지 올라간 불기둥은 중력을 이기지 못한 채 무너진다. 불기둥이 붕괴되면서 발생한 거대한 화쇄류가 시뻘건 혀를 날름거리며 광란의 춤을 춘다.

그 화쇄류의 온도는 700~800도에 이른다. 시속 150㎞의 맹렬한 속도로 계곡과 산등성이를 질주한다. 생태계는 한꺼번에 절멸하고 만다. 화쇄류는 100㎞ 이상 먼 곳까지 도달한다. 화쇄류는 발해 5경에 속한 중경과 동경, 남경 등을 집어삼켰을 것이다. 화산 폭발로 한겨울 백두산 정상에 쌓여 있던 눈이 녹는다. 이 눈은 칼데라 벽을 넘쳐흐른 뜨거운 천지의 물과 합쳐져 거대한 해일로 변한다. 산사면을 돌진한 물줄기는 시멘트와 같은 화산이류가 되어 삼림을 집어삼킨다."

《백두산 대폭발의 비밀》의 저자 소원주 박사가 제시한 '10세기 백두산 대폭발'의 재구성이다.

백두산 폭발이 발해 멸망과 정말 연관이 있을까?

1980년대 일본의 화산학자 마치다 히로시 교수는 흥미로운 가설 하나를 제기했다. 바로 10세기 백두산 대폭발과 발해 멸망의 연관성이었다. 역사학자들은 고개를 내저었다. 926년을 전후해 백두산 분화에 대한 문헌 기록은 눈을 씻고 찾아봐도 없는데 어떻게 믿겠느냐는 것이다.

과학자들은 백두산에서 날아온 화산재의 퇴적층과 함께 화산 폭발에 이은 화쇄류로 묻혀 버린 탄화목에 대한 연대를 측정했다. 그 결과 10세기 백두산 대폭발의 연대는 934년 전후와 937년 전후, 그리고 946년 전후로 좁혀졌다. 연대 측정 결과로는 발해의 멸망(926년)과 백두산 폭발과는 직접적인 관계가 없다는 것이다.

발해 멸망의 직접적 원인은 아니라 하더라도 발해의 쇠퇴와 멸망 후 부흥 운동의 단절에 큰 영향을 미쳤을 가능성은 있다. 현재는 화산 폭발로 인한 발해의 급작스런 멸망이 단지 하나의 가설로 머물러 있어, 이를 입증할 수 있는 자료의 발굴이나 연구가 진척되지 않는 이상 이 둘을 연계하기는 어렵다.

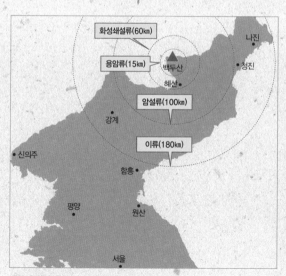

백두산 화산 폭발 시 피해 예상 지역

12
뜨거운 논란,
백두산정계비와
간도협약

조선 시대, 압록강과 두만강을 국경으로

1433년(세종 15년) 여진족 사이에 내분이 일어났다. 조선은 이 기회에 압록강과 두만강까지 영토로 다져 놓기 위해 김종서를 함길도 도절제사로 임명해 북방 개척의 총책임을 맡겼다. '호랑이 장군'이라 불린 김종서는 이징옥 등 용감한 장수와 함께 함길도에 도착했다. 여진족들의 정세를 살핀 뒤 싸움이 유리한 곳에 미리 성을 쌓고 진지를 만들어 두려는 것이었다. 이듬해부터 김종서는 15년 동안 북방 사업에 진력하여 마침내 육진六鎭을 설치했다. 육진은 종성·회령·경흥·경원·온성·부령으로, 여진족을 두만강 밖으로 몰아낸 뒤 새로 세운 여섯 고을이다. 북방 개척 무렵에 김종서가 지은 시조 두 수가 전해진다.

장백산에 기를 꽂고 두만강에 말을 씻겨
썩은 저 선비야 우리 아니 사나이냐!
어떻다 인각화상麟閣畵像을 누가 먼저 하리오

삭풍은 나무 끝에 불고 명월은 눈 속에 찬데
만리변성에 일장검 짚고 서서
긴파람 큰 한소리에 거칠 것이 없어라

두만강 쪽에서 김종서의 개척 사업이 이루어지고 있는 동안, 압록강 쪽에서도 국경을 튼튼히 하는 사업이 활발하게 진행되고 있었다. 압록강 일대의 여진족들도 두만강의 여진족들 못지않게 사납고 극성스러웠다. 조선은 최윤덕을 평안도 도절제사로 임명해 싸우게 했다. 최윤

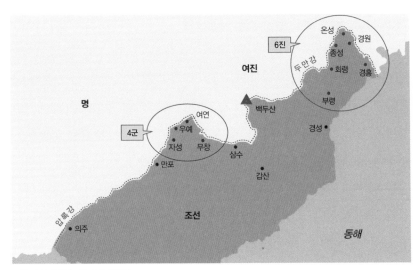

조선 시대 설치된 4군 6진과 국경

덕은 1423년부터 10년에 걸쳐 자성·우예·여연·무창 등 사군四郡을 설치해 압록강 이남을 조선 영토에 넣었다. 두만강 쪽의 육진과 압록강 쪽의 사군이 설치됨으로써 압록강-백두산-두만강을 대략적인 경계로 확보했다. 현실적으로 백두산은 만주와 접하는 경계로 인식되어 왔다.

청나라는 왜 백두산의 정계를 요구한 걸까?

1644년 청의 주력군은 명을 멸망시키고, 베이징에 도읍을 정했다. 청나라는 백두산을 그들 조상이 일어난 곳으로 여기고 강희제 때에 랴오닝성 선양瀋陽 동쪽, 즉 두만강 북쪽의 광활한 지역을 봉금封禁 지대로 설정하여 한족들의 개간과 거주를 금했다. 이 지역에 매년 일정 기간 동안 인가된 인원만을 들여보내 담비 가죽과 인삼을 채취하는 등 지역 특산

물을 독점하기 위해 봉금 정책을 실시한 목적도 있었다. 조선도 주민들의 두만강과 압록강 주위 지역의 왕래를 금하고 있었으나 국내외의 담비와 인삼의 수요가 늘어나면서 이를 구하기 위한 지역 주민들의 활동이 꾸준히 증가했다.

청과 조선 사이의 봉금 지대

양국 정부의 금령에도 불구하고 조선과 청 양측의 주민들은 압록강과 두만강 유역, 백두산 부근에서 서로 접촉하는 일이 잦았고 충돌 사건 역시 빈발했다. 1685년(숙종 11년)에 백두산 부근에 왔던 청의 관리들이 압록강 건너편 삼도구三道溝에서 조선의 인삼을 채집하는 사람들에게 습격을 받기도 하고, 1710년에는 평안도 위원군 주민 이만지 등 9명이 압록강을 건너 청나라 사람 5명을 살해했는데 그들이 캐낸 인삼과 소지품을 약탈했다가 적발되기도 했다.

두 나라의 경계가 불명확하기 때문에 문제가 계속 생겨나는 것이라고 판단한 청은 압록강과 두만강, 백두산 일대에 대한 지리 정보를 수집하고 조선에 공동 국경 조사를 요구했다. 조선은 청의 이러한 시도를 새로운 침공 준비로 보고 지형 조사를 강력히 거부하기도 했다. 그러나 사신이 왕래할 때에 청의 지도인 《성경지盛京志》와 같은 지리지와 지도를 구입하는 등 가능한 모든 수단을 동원해 중국 동북 지방과 백두산 일대의 지리 정보를 얻으려고 노력했다. 그동안 두 나라는 백두산을 서로 자기 민족이 일어난 곳이라고 여겨 왔기 때문이다. 실제로 청은 백두산을 신산으로 모시고 한 해에 두 차례씩 제사를 지냈다. 조선 또한 백두산을 조종祖宗의 산으로 섬겨 1677년(숙종 3년) 궁정 내무대신을 백두산에 파견하여 실태 조사를 하기도 했다.

마침내 1712년 두 나라가 사절을 파견해 국경을 답사하고 정하는 정계定界 작업을 제안했고, 조선은 압록강과 두만강, 백두산 이남을 강역으로 확보하기로 방침을 세우고 이에 응했다. 조선에서는 함경 감찰사 이선부와 박권을 접반사接伴使로 임명하고 군관 이의복과 조태상을 따르게 하여 국경을 정하는 큰일에 나섰다. 청에서는 오라총관 목극동을 특사로 뽑아 보냈다.

백두산정계비의 내용은?

조선 일행은 함경남도 삼수에서 청의 특사 목극동을 만나 구가진舊茄鎭, 허천강虛川江, 혜산진惠山鎭, 오시천五時川, 백덕栢德, 일천釰川으로의 노선을 취해 백두산에 들어갔다. 처음 길을 나설 때 이선부와 박권이 함께 산정에 오르겠다고 청하자 목극동이 나서서 "조선의 재상이란 꼼짝만 하여도 가마를 타야 한다는데 연로한 터에 험지를 만나면 어떻게 도보로 가겠느냐. 중도에 쓰러져 대사大事를 그르치기라도 하려 하느냐."라고 핀잔을 주면서 허락지 않았다. 그래서 이선부와 박권은 곤장덕 아래까지 와서 청과의 동행을 포기하고 군관과 역관인 김지문, 김경문 등과 산정에 올라가 거의 일방적으로 백두산정계비를 세웠다.

그 지점은 완전한 정상이 아니라 남동방 4㎞, 해발 2,200m 지점이었으며, 비면碑面에는 위에 대청大淸이라 쓰고 그 밑에 '오라총관烏喇摠管 목극등穆克登, 봉지사변奉旨査邊, 지차심시至此審視, 서위압록西爲鴨綠, 동위토문東爲土門, 고어분수령故於分水嶺, 륵석위기勒石爲記, 강희康熙 오십일년五十一年 오월십오일五月十五日'이라 새긴 후 양쪽에 수행원 명단을 기록했다. 이로 인해 두 나라는 '서쪽은 압록강, 동쪽은 토문강'을 경계로 국경이 명시 적으로 선포됐다.

정계비의 건립에도 불구하고 분쟁의 소지가 완전히 사라진 것은 아니었다. 양쪽의 동쪽 경계라 명시된 토문강이 구체적으로 어느 강을 지칭하는 것인지가 가장 큰 쟁점이었다. 적어도 1712년 정계 당시에는 조선인과 청인 모두 토문강이 두만강이라고 인식하고 있었다. 양국 책 임자들은 토문강과 두만강을 혼용했던 것이다. 1757년(영조 33년) 국경 을 넘은 인물을 심문하는 과정에서 두만강이 무엇을 가리키는지에 대한 자문을 청이 보냈는데, 조선이 이에 대해 "두만과 토문은 같은 것이며 한 강에 두 이름이 있는 것."이라고 회답한 것이 대표적인 사례이다.

당시 조선의 입장에서는 토문강과 두만강이 동일한 것이든 아니 든 큰 문제가 아니었다. 압록강과 두만강, 백두산 남쪽을 강역으로 확보

백두산정계비와 그 위치

하려는 것이 조선의 정계 목적이었으므로, 이후 두만강의 물이 흘러나오는 수원지水源地에 대해 잠시 논란이 있었으나 곧 중지됐던 것은 이 때문이었다.

사이 섬, 간도

백두산정계비가 세워진 뒤에도 18세기 중엽부터 우리나라 북부의 가난한 농민들은 청의 봉금과 조선 정부의 엄격한 국정 봉쇄를 무릅쓰고 두만강을 건너 농사에 나섰다. 함경도 무산에서부터 두만강 하류에 이르는 곳에는 어느 나라에도 속하지 않은 섬들이 있었다. 이 섬들을 조선 농민들은 사이 섬, 간도間島라고 불렀다. 농민들은 두만강을 넘나들다가 변방의 순찰병들에게 들키면 간도에 갔다 온다고 꾸몄는데, 이때 두만강을 건너 농사에 나서는 사람은 거의 집집마다 한 사람씩 있었다. 간도는 한때 중국 지린성의 동남부 지역, 곧 옌지·왕칭汪淸·훈춘琿春·허룽·림강臨江 일대에 걸친 지대를 일컬었다. 두만강 왼쪽 연안 일대를 북간도 또는 동간도, 그리고 백두산 주변을 포함해 압록강 윗녘 오른쪽 연안 일대를 서간도 또는 남간도라 했다. 그 뒤 1930년대와 1940년대 전반기에는 옌지·왕칭·훈춘·허룽·안투安圖 일대에 걸친 지대, 곧 동만주 일대를 간도 지방이라 불렀다.

　　간도는 압록강과 두만강을 사이에 두고 우리나라의 북부 지방과 잇닿아 있어 지리적으로나 경제적으로나 조선의 백성들과 매우 인연이 깊은 지대였다. 북부 농민들이 간도를 개척하자 청의 통치자들은 1848년부터 해마다 순찰병을 보내 변방을 돌게 했다. 순찰병들은 강을 건너

온 농민들의 집과 밭을 조사하고 파괴하고 쫓아냈다. 그러나 이 시기 관리들의 가혹한 수탈을 견디지 못해 간도로 넘어오는 농민들의 수는 늘어날 뿐이었고 순찰병들도 어찌할 수 없었다.

조선 북부에 살던 농민들의 생활은 매우 비참했다. 이들은 남부의 농민들보다 10만 석이나 더 많은 양곡을 관가에 갖다 바쳐야 했다. 그러나 북부의 인구는 남부보다 4~5천 세대나 적었다. 또한 각종 잡세와 강제 고역에 시달리고 있었다. 더욱이 1861년과 1863년, 1866년에 큰 물난리가 나 북부 지방을 휩쓸어 버렸고, 1869년과 1870년에는 잇따라 큰 가뭄이 겹쳤다. 그중 1861년에 일어난 대홍수는 부령 등 10개 읍의 1,225세대 민가와 많은 사람들의 목숨을 앗아 갔으며, 무산과 경성 등에 살던 수천 명의 농민들을 길바닥에 나앉게 했다. 앉아서 죽기만을 기다리느냐, 아니면 죽음을 무릅쓰고 강을 건너느냐 하는 생사의 기로에서 많은 농민들은 결연히 두만강을 건넜다. 그들은 어둠을 틈타 조상이 묻힌 정든 땅을 눈물로 등진 채 남자는 짐을 등에 메고 여자는 머리에 인 채 강을 건넜다. 두만강을 건너는 역사적인 대이주는 이렇게 시작됐다. 1866년 함길도(함경도) 경원에 사는 75명의 사람들이 두만강을 건너 훈춘으로 달아났고, 1870년에는 한 마을의 19가구가 밤사이에 몽땅 훈춘으로 집단 이주했다. 당시 이주한 조선 농민의 자녀가 훈춘에서 쌀 한 말에 팔렸다는 기록도 있다.

조선 북부 농민들의 비참한 생활은 몇몇 양심 있는 관리들의 깊은 동정과 관심을 모았다. 이곳을 돌아본 안무사 김유연은 "벼슬아치들이 탐욕스럽고 잔혹하기 짝이 없고, 가혹한 정치는 범보다 더하다."라고 하면서 "죽을 지경에 이르지 않고서야 어찌 친척과 이별하고 조상들의 산소를 버리고 월북하려 하겠는가." 하고 분개했다.

무산 지방에서 간도 이주민들의 모습

　　큰 흉년이 든 1866년, 당시 회령 부사에 임명된 홍남주는 초조한 심경을 억누를 길이 없었다. 마침 러시아에 갔다가 귀국 도중 회령을 지나던 조중용이 홍남주를 만나 백성들의 월강越江 문제를 의논하다가 이를 허락해 줄 것을 부탁했다. 여기에 힘을 얻은 홍남주는 회령 안의 유지들과 의논해서 "민생고 해결은 월강하여 개간을 허락하는 일밖에 없다."라고 하고 이를 허가해 주었다. '월강죄'가 없어졌다는 소식이 알려지자 온 회령 땅이 떠들썩했다. 수일 만에 100여 정보町步의 황량한 땅이 기름진 논으로 바뀌어 갔다. 이듬해 봄 인근 지역의 농민들도 월강하여 개간에 나섰다.

　　청의 통치자들은 처음에 조선 농민들이 이주한 것을 잘 몰랐다.

그러다가 1880년 남하하려는 러시아를 견제하기 위해 옌지와 훈춘 등에 군대를 주둔시키는 한편 이듬해에 봉금을 풀고 한족 이민들을 받아들이면서 현지를 조사했다. 이때 청의 관원들은 조선 이주민들이 오늘날의 연변을 개간하고 있다는 사실을 뒤늦게 알게 됐다. 청은 조선 이주민들을 몽땅 쫓아내려고 했으나 조선 정부는 2년 내에 데려가겠다고 하고, 변경선에 60여 개의 포막을 친 채 강을 건너려는 농민들을 막아 나섰다. 그러나 목숨을 내건 사람들의 흐름을 모두 막을 수는 없었다.

결국 1882년, 청은 이 지역 조선인들을 청의 국적에 편입하겠다는 방침을 일방적으로 고시했다. 한동안 제지도 받지 않고 두만강 지역에 거주하던 주민들은 뒤늦은 청의 요구에 크게 반발했다. 이들은 "두만강과 토문강은 엄연히 별개의 것이므로 두만강 북쪽 지역에 대해 배타적인 권리를 행사하려는 청의 시도를 막아달라."고 조선 정부에 청원하기도 했다. 1885년과 1887년, 조선이 청과의 회담에 정식으로 나선 것도 간도 주민들의 이 같은 청원 때문이었다.

두 나라 서로 '내 땅이다'

청은 길림장군 명안과 흠차대신 오대징을 보내 조선인들을 조선으로 송환하라는 요구를 하는 한편, 간도가 어느 나라에 속한 땅인지 명확히 하고 싶어 했다. 이에 조선은 1883년 서북경략사 어윤중을 김우식과 함께 보내 백두산정계비를 살피게 했다. 이 과정에서 두만강 연변의 주민들은 어윤중에게 청과 조선의 경계는 두만강이 아니라 토문강에 이어진 분계강이므로 두만강 북쪽, 분계강 남쪽에 조선인들이 거주하고 농사지을 수 있도록 허락해 줄 것을 요청했다. 백두산정계비문의 내용과 주민들의 주장을 근거로 두만강 북쪽은 중국의 땅이 아니라고 확신한 고종은 어윤중의 보고 후 청에 국경을 조정하기 위한 감계회담勘界會談을 요구했고, 1885년 제1차 감계회담이 시작됐다. 조선은 1882년 임오군란과 1884년 갑신정변을 겪으면서 청나라의 힘을 빌린 적이 있었다. 그때문에 조선에는 이미 청나라의 군대가 진출해 있었으며, 위안스카이袁世凱가 내정 간섭을 일삼으며 위세를 떨치던 시기였다. 따라서 회담은 시작부터 난항을 겪었다.

감계회담에서 조선의 감계사 이중하는 정계비에서 토문강까지 흙무더기와 돌무더기가 90리(35㎞) 정도 이어져 있으며 두만강을 이루는 물줄기는 이곳에서 40~50리(16~19㎞) 이상 떨어진 산봉우리를 넘어가야 하는 곳에 있으므로, 정계비의 토문강과 두만강이 전혀 관련이 없다는 사실을 선포했다. 그는 이를 근거로 먼저 정계비의 비문을 보고 내려오면서 토문강의 수원을 조사하자고 제안했다. 아울러 그는 청과 조선의 동쪽 정계는 토문강, 즉 두만강이므로 감계의 목적은 두만강 수원지를 확인하는 것이라 강변하면서 조선이 청의 강역을 침범하려는 것이라 주장했다. 그러나 양측의 입장은 합의점을 찾지 못했으며 협상은 결렬됐다. 정계비 부근의 이른바 토문강은 쑹화강으로 흘러드는 것으로 두만강 본류와는 관련이 없는 물줄기였다.

이에 이중하는 원칙을 다시 정했다. 조선과 청의 경계가 두만강이라면 가장 중요한 과제는 수원지가 어디인지 정하는 것이며, 정계비와 두만강 수원지의 거리가 멀리 떨어져 있는 문제도 해결되어야 했다. 두만강 본류에 유입되는 물줄기는 백두산 정계에서 백 리 떨어진 곳에서 발원하는 홍토수紅土水, 무산고원에서 북동으로 흐르는 홍단수紅端水

와 서두수西頭水 등이 있었다. 이 가운데 홍단수와 서두수는 무산내지를 흐르는 강으로, 이들을 수원지로 정할 경우 무산 일대를 상실할 위험이 있었다. 따라서 조선은 백두산정계비에 가장 가까운 홍토산수를 두만강으로 정하고자 했다.

청의 요구로 시작된 1887년 제2차 감계회담에서 청은 더욱 강경한 태도로 나왔다. 이중하가 회담에서 쓴 보고서 〈감계전말勘界顚末〉에는 당시의 상황이 잘 기술되어 있다. 청의 관리는 "조선은 임오년(임오군란)과 갑신년(갑신정변)에 우리 황제 폐하의 입은 바가 적지 않다. 황제의 은덕을 어찌 갚으려는가?" 하며 노골적으로 이중하를 압박해 왔다. 그리고 회담이 진행되던 도중, 조선 측은 매우 중요한 정보를 입수했다. 그것은 서두수와 토문강 사이에서 국경을 정하라는 내용이었다. 즉 두만강의 세 지류支流 중 가장 남쪽의 홍단수로 국경을 정하겠다는 것이었다.

청의 확고한 입장을 확인한 이중하는 깊은 고민에 빠졌다. 그러나 이중하는 두만강의 가장 북쪽 지류인 홍토수로 국경을 협의하기로 하고 회담에 임했다. 조선은 두만강과 토문강이 다른 강이라는 기존의 주장을 철회하고 두만강을 국경 하천으로 인정하면서, 홍토수를 수원지로 정할 것을 제안했다. 이에 대해 또다시 청은 두만강의 수원지로 서두수를 지목해 합의를 보지 못했다. 이중하가 계속해서 입장을 바꾸지 않자 청은 홍토산수의 지류인 석을수石乙水를 두만강의 수원지로 정하자고 다시 제안했으나, 이중하는 여전히 홍토수를 고집했다. 이에 청의 관리는 "오늘 시비를 가리지 않고는 이 산을 내려가지 않을 것이다. 분명히 하라!"고 더욱 압박을 가했다. 그러나 이중하도 "나의 목을 내줄 수는 있어도 나라 안의 경계는 한 치도 내줄 수 없음이오!"라고 강경하게 몰아붙였고 결국 제2차 회담도 결렬되고 말았다.

끝내 합의에 이르지 못한 채 양측 대표는 각자의 주장을 지도에 표시해 자국 정부에 보고했다. 청은 1888년에 또다시 감계를 요구하는 자문을 보냈으나 조선은 응하지 않았다.

간도를 지키고자 했던 대한제국의 노력

1897년 조선 조정 내의 친일내각을 물리친 고종은 광무개혁光武改革을 이루고 국명을 대한제국大韓帝國으로 개칭했다. 황제에 오른 후 대한제국과 청의 국경선은 '정계비의 위치'를 기준으로 해야 한다고 선언했다.

고종은 한·청 국경의 간도 문제 해결을 위한 구체적인 현황을 파악하기 위해 함경도 관찰사 조존우에게 백두산정계비와 그 일대 분수령의 강수江水를 조사하고 보고하도록 어명을 내렸다. 이에 조존우는 조정에 보고한 〈담판오조談判五條〉에서 국제공법상 토문강이 한·청 간의 경계임을 밝혔다.

대한제국은 국경선 문제를 좀 더 정확히 하고자 이듬해 1898년 함경도 관찰사 이종관에게 재차 현지 조사를 시켰다. 이종관은 경원 군수 박일헌과 관찰부사 김응룡을 파견해 철저하게 현지 답사를 실시한 후 정부에 공식 보고서를 제출했는데, 보고한 내용에는 "토문강이 5~6백 리를 흘러서 쑹화강과 합해 헤이룽강에 이르러 바다로 들어가니, 토문강에서 바다에 들어가는 헤이룽강 하류 동쪽은 우리 땅이다. 러시아는 변경의 분쟁을 염려하여 유민을 엄금하고 땅을 비웠다. 그런데 청이 이를 선점하여 자기 땅이라 하고 천여 리의 땅을 할양했으니 이것을 용인할 수 없다. 따라서 대한제국·청·러시아 삼국이 회동선감會同先勘하여 각국 통행의 국제법규에 따라 공평히 타결해야 한다."라고 적혀 있었다. 이에 따르면 조선과 청의 경계를 토문강·쑹화강·헤이룽강으로 인식했다. 이 조사를 통해 대한제국 정부는 강줄기의 동쪽에 위치한 땅인 간도와, 심지어 청나라가 1860년 러시아 제국에 할양한 연해주 땅까지 우리의 국토임을 확신하게 됐다. 장지연도 〈황성신문〉에 양국의 경계를 토문강이라 실었다.

이러한 확신을 토대로 1897년 서상무는 서변계 관리사로 임명 받아 이 지역의 한인을 보호했으며, 1900년경 평북 관찰사 이도재는 이 지역을 군에 배속시키고 충의사忠義社를 조직하여 이주민을 보호하면서 간도에 대한 행정권을 행사하기 위한 태세를 갖췄다. 두만강 북쪽은 이범윤이 1902년 북변간도 관리사로 임명 받아 사포대私砲隊를 조직하여 러일전쟁이 발발할 때까지 간도 한인들을 보호했다. 연변에 파견된 이범윤은 조선족 간도민들의 호적과 토지를 조사하고 각 촌의 촌장, 참리, 검찰, 감무 등을 임명했으며 호구세를 징수했다. 그는 자위단을 조직하여 무장시켰으며, 무단 침입한 청나라 관원들의 직무를 정지시키는 한편 평민들의 퇴거까지도 명령했다.

양측의 충돌이 날로 거칠어지며 청은 1903년 4월 10일부터 16일까지 통령 호전갑胡殿甲의 길강군吉强軍을 투입하여 이범윤 군대와 격전을 벌였다. 이 싸움에서 패한 이범윤은 1904년 6월 허룽에서 '한청변계선후장정韓靑邊界善後章程'을 체결했다. 그 내용을 보면 "두 나라의 경계는 백두산정계비에 증빙될 만한 것이 있다 하더라도 양국 대표의 감계를 기다려야 하고, 그 이전에는 토문강을 격하여 각자의 영지로 삼고 불법 월경하여 경작하지 않는다. 이는 어디까지나 분쟁의 야기를 피하기 위한 임시 조처요, 양국 감계에 의한 국경 획정까지의 잠정 협정인 것이다."라고 기록되어 있다.

이 협정은 두 나라의 경계가 백두산정계비의 기록으로 증거가 될 만하나, 후일 양국 정부가 위원을 파견하여 감계 담판을 열기로 하되 확정되기까지는 당분간 종래의 토문강을 경계로 하여 분규를 막자는 것을 내용으로 하고 있다. 하지만 이듬해인 1905년 대한제국을 지지하던 러시아가 러일전쟁에서 패전함으로써 대한제국의 간도 탈환 전략은 그 힘을 잃었다.

간도에 대한 야욕을 드러내는 일본

일본은 을사조약(1905년) 성립 이후 상품 시장과 원료 기지의 확대를 위해 대륙 진출의 필요성을 느꼈고, 이를 위한 교두보를 확보하고자 간도 분쟁에 개입했다. 일본은 간도의 정치·군사상의 중요성과 경제·정치·지리적 측면에서 유리하다고 판단해 간도 분쟁에 개입했던 것이다. 이에 주청일본공사駐淸日本公使는 청나라에 대해 전쟁 기간에 감계 문제로 대한제국과 분쟁을 야기함이 좋지 않으니 감계교섭의 재개 중지를 요청했고, 청과 대한제국이 일본공사의 종용을 받아들여 감계 문제가 잠정 중단되었다.

1906년 친일파 참정대신 박제순은 간도에 거주하는 조선인들을 보호해 주도록 통감부에 요청했고, 이에 확실한 명분을 얻은 일본은 곧 러시아와 비밀 협약을 맺어 러시아와 다른 열강들의 묵인을 얻은 후 일본군 소장 사이토와 일행 63명을 룽징에 파견했다. 1907년 8월 23일부터 '조선총감부 간도임시파출소'라는 간판을 걸고, 이른바 간도에 거

우리나라 독립군을 공격한 조선인으로 구성된 간도특설대의 모습

주하는 조선인의 생명과 재산을 보호하는 사무를 보게 하면서 4구區 41 사社 290촌村의 행정 구역을 설치해 간도를 행정적으로 관리하기 시작 했고, "간도는 한국의 영토로 간주하고 행동할 것"임을 성명하는 포고 령을 내렸다.

　　또한 이토 히로부미는 "간도는 한국의 영토임을 전제"한다고 했 지만 일본이 청에 통보한 내용은 "간도는 소속 미정의 영토"라고 했다. 그러나 1908년 4월 일본은 대청교섭對淸交涉의 정책 전환(간도에 일·한인의 잡거 인정, 일본 영사관 설치, 한인 재판권은 일본 영사관이 담당, 길장吉長철도의 회령 연장, 한·청 국경의 두만강 인정 등)을 훈령하며 간도에 대한 지배권을 행사하 기 시작했고, 청은 종전의 방침을 바꾸지 않았다.

　　일본은 만주 대륙으로의 본격적인 진출 계획을 성사시키기 위해 함경북도 청진 등지의 항구를 개척하며 일본으로 연결되는 동해 항로를 설치하고, 청진과 회령과 길림을 연결시키는 길회吉會철도를 부설하며 대륙으로의 진출을 본격화했다.

일본의 간도 진출에 당황한 청나라는 '간도 귀속 문제'를 놓고 1909년 2월 17일 일본과 담판을 시작했다. 결국 1909년 9월 4일 일본의 특명전권대사 이슈인과 청의 외무대신 양돈언이 일본명으로는 '간도에 관한 일·청협약', 중국명으로는 '중·일도문강만한계무조관中日圖門江滿韓界務條款'을 베이징에서 맺었다. 내용은 모두 일곱 개의 조문으로 되어 있다.

제1조 청·일 양국 정부는 토문강을 청·한 양국의 국경으로 하고 강원 지방에 있어서는 정계비를 기점으로 하여 석을수를 양국의 경계로 할 것을 성명한다.

제2조 청 정부는 본 협약을 체결한 후 지체 없이 아래의 몇 곳(룽징촌, 국자가, 두도구, 백초구)을 개방하여 각 국인들이 거주하고 무역하도록 하며, 일본 정부는 그곳에 영사관 혹은 영사분관을 설립한다.

제3조 청 정부는 한국민이 토문강 북쪽 개간 지구에 계속 거주하는 것을 인정한다. 그 지역의 경계는 별지 지도로 표시한다.

제4조 토문강 북쪽 지방 잡거 구역 내에 거주하는 한국민은 청국 지방관 관할하의 법권에 귀속되어 그 법권에 복종하며, 청국의 관리들은 한민들을 청국인과 동등하게 대우

해야 한다. 한국민들의 민사, 형사 등 일체 소송 사건에 대해서는 청국 관원이 그 법률에 의하여 공평하게 재판하며 일본 영사관에서 관리를 파견하여 자유로이 재판에 입회할 수 있다. 단 사람의 생명에 관계되는 중대한 사건에 대하여서는 반드시 사전에 일본 영사관에 조회하여 재판을 입회하게 한다. 만약 법률에 의하여 판결하지 않을 때 일본 영사관은 신용을 보장하기 위하여 중국의 다른 관원을 파견하여 재심을 청구할 수 있다.

제5조 토문강 북쪽 잡거 구역 내의 한국민들의 모든 토지, 부동산과 재산 등은 청 정부로부터 중국인과 마찬가지로 동등하게 보호되며, 토문강 연안의 적당한 지점에 나루터를 설치하고 양국민의 자유로운 내왕來往을 보장한다. 증명과 공문 없이 무기를 휴대한 자는 월경할 수 없다. 잡거 구역 내에서 산출된 미곡은 한국민의 판매 운반을 허가한다. 그러나 흉년에는 금지할 수 있다.

제6조 청 정부는 장래 길장철도를 옌지 남부 변경까지 연장시켜 함경북도 회령 지방의 한국철도와 연결시킨다. 그 일체 관법은 길장철도와 마찬가지로 하고, 시기는 청 정부의 사정에 따라 다시 일본 정부와 상의하여 결정한다.

제7조 본 조약은 체결된 즉시 그 효력이 발생되며, 한편 일본 총감부의 파출소 및 문무 인원들은 2개월 내에 철수한

다. 아울러 일본은 2개월 내에 제2조에 규정된 상부지商敷地
에 영사관을 설치한다.

불과 간도협약 2년 전에 "간도가 한국의 영토라는 전제하에서 일
체 사무를 처리한다."라고 떠들던 일본은 간도가 중국의 영토라고 입장
을 바꿨다. 이는 유럽과 미국 열강들의 간섭을 우려한 나머지, 만주에
대한 각종 현안들을 빠른 시일 내에 해결하고자 종래 주장해 오던 입장
을 바꿔 간도 영유권을 청에 양보했기 때문이다. 그리고 이 협약에 의해
조선통감부 간도파출소는 1909년 11월 2일에 폐소되었고, 이튿날에는
'간도일본총령사관'을 룽징에 설치했다. 이와 동시에 일본은 두도구, 국
자가, 백초구, 훈춘 등지에 영사분관과 경찰서를 설치했으며 주요한 요
충지에 14개의 파출소를 설치했다.

또한 일본은 간도를 청의 영토로 인정하는 대신, 청으로부터 만
주 지역의 철도와 탄광에 대한 이권을 획득했다. 청이 간도 영유권을 인
정받는 조건으로 이러한 이권들을 제공했다는 사실에서 우리는 당시 간
도가 청의 영토가 아니었다는 사실을 추론해 낼 수 있다. 간도가 청의
영토였다면, 이러한 대가를 지불할 이유가 없기 때문이다.

결국 일본은 한국의 영토인 간도 지방을 떼어 청에 넘겨주고 그
대신 안봉安奉철도 개축권, 영대 철도 관리권, 길회철도 부설권, 무순·
연대 탄광 채굴권 등의 이권을 획득하게 됐다. 이때부터 연변의 조선족
은 이중 국적 문제가 제기되었고 이중 압박과 착취를 당해야 했으며, 간
도협약에 규정된 상부지는 일본이 경제적으로 연변을 수탈하는 거점이
됐다. 또한 일본은 22년 후 만주국을 세워 그들이 애초 갈망했던 만주
진출의 꿈을 이룩한 반면, 한국은 간도 지역을 지금까지 상실한 채 분단

국의 굴레를 벗어나지 못하고 있다.

간도협약은 과연 효력이 있을까?

간도협약은 국제법상으로 무효임이 학자들에 의해 꾸준히 주장되어 왔다. 그 근거로 크게 세 가지를 들 수 있다.

첫째, 분쟁 당사국이 아닌 일본이 청과 맺은 간도협약의 법적 근거인 을사늑약이 무효 조약이기 때문에 간도협약 역시 무효이다. 일반적으로 을사늑약이 강박에 의한 조약이기 때문에 무효라고 주장되어 왔다. 즉 일본은 1905년 10월 27일에 '조선보호권 확립 실행에 관한 각

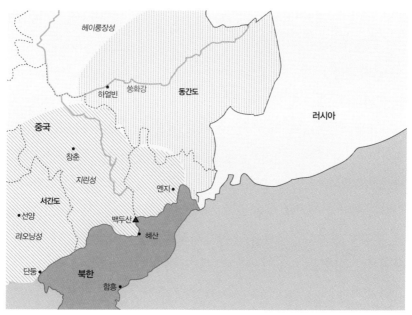

간도협약 당시 빼앗겨 버린 영토 상황

의 결정'을 하여 "도저히 조선 정부의 동의를 얻을 희망이 없을 때에는 최후의 수단을 써서 조선에게 일방적으로 보호권이 확립됐음을 통고하라."는 방침을 세웠다. 이러한 결정에 따라 일본군을 즉시 서울에 파견했고 이토 히로부미는 하야시 곤스케, 하세가와 사령관 등을 대동해 11월 17일 황제와 대신들을 위협한 후 강제로 을사늑약에 조인하도록 했다. 이 강박에 의해 체결된 조약이 무효라는 고종 황제의 호소문은 같은 해 11월 16일 미국에 체류 중인 황실고문 헐버트H. B. Hulbert에게 발송됐다. 그 내용은 다음과 같다.

> 짐은 총, 칼의 위협과 강요 아래 최근 한·일 양국 간에서 체결된 소위 보호조약이 무효임을 선언한다. 짐은 이에 동의한 적이 없고 금후에도 결코 아니할 것이다. 이 뜻을 미국 정부에 전달하기 바란다.

규장각에 보관된 을사늑약의 원본에는 고종의 서명·날인·위임이 없이 위조 체결된 것으로 밝혀졌다. 1905년 당시의 국가 체제는 군주제였기 때문에 조약의 체결권은 왕의 권한이었다. 따라서 조약을 체결하려는 대신은 전권 위임장을 휴대해야 하나 고종의 위임장이 없었다. 또한 을사늑약은 고종의 비준批准이 없다. 그러므로 조선의 외교권 박탈과 통감부 설치에 의한 조선 지배 등을 규정한 을사늑약은 무효이다. 통감부 설치의 근거인 조약 자체가 무효인 이상 결국 통감부 설치도 불법이다. 이후 일본이 외국과 체결한 조약과 국내 식민지법도 모두 무효인 것이다.

둘째, 국제법상 무효인 간도협약이 지금까지 존재하여 1909년

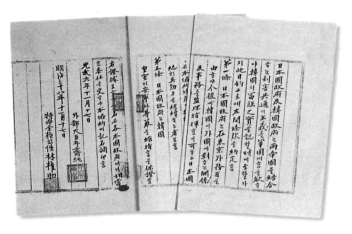

을사늑약 체결 원본. 어디에도 고종의 옥새가 찍혀 있지 않다.

이전의 상태로 회복되지 않은 것은 제2차 세계대전 이후 일련의 조치로 만들어진 1943년 카이로 선언, 1945년 포츠담 선언에 위배된다. 카이로 선언문은 "만주 등 일본이 청으로부터 빼앗은 모든 지역을 반환하며 (중략) 일본은 폭력 및 강욕에 의하여 약취한 기타 모든 지역으로부터 구축된다."라고 했다. 그리고 포츠담 선언의 제8항에서 "카이로 선언의 조항은 이행되어야 한다."라고 했다. 따라서 일본은 1945년 항복문서降伏文書에 이 선언들을 수락했기 때문에 두 선언의 구속을 받게 된다. 이는 1895년 청일전쟁 이전의 상태를 의미하고, 일본이 이 모든 지역을 탈취하기 위하여 청에게 넘겨준 간도도 1909년 이전의 상태로 반환되어야 한다. 또한 1951년 체결한 중일평화조약 제4조에는 "중·일 양국은 전쟁의 결과로써 1941년 12월 9일 이전에 체결한 모든 조약, 협약 및 협정을 무효로 한다."라고 했다. 1909년의 간도조약은 1941년 이전에 체결한 협약이기 때문에 필연적으로 무효로 되어야 한다.

셋째, 간도협약은 법적 권한이 없는 제3국에 의한 영토 처리이므로 무효이다. 이는 제3국에 대한 효력 문제로서 국제법상 조약은 당사국에만 효력이 있을 뿐 제3국에는 영향을 미치지 않는다는 원칙이다. 즉 일반적 성격의 입법을 제외하고는 제3국에 의무를 과할 것을 목적으로 하는 조약은 그 한도에서 무효이며, 또한 국제관습상 비도덕적인 의무를 부과하려는 조약은 국제법상의 구속력을 가질 수 없다. 그러므로 간도협약은 제3국의 권한을 중대하게 침해한 국제조약의 성격을 가지며, 그 자체로써 주권 침해라는 불법행위를 구성한다. 일본은 간도 문제 해결을 위한 조약 체결 능력이 없으며, 간도는 일·청 간에 논의할 대상이 아니기 때문에 협약을 통해 한국의 간도 영유권이 무효화될 수도 없다. 한국 영토의 변경은 주권의 문제로서, 오직 정당한 한국 주권의 행사에 의해서만 가능하다. 간도가 최근까지 중국에 의해 점유되어 있다는 사실만으로는 주권 변경이 있었다고 할 수 없다. 한국은 간도에 대한 주권을 포기한 일이 없으므로, 중국에 대해 간도협약의 무효를 선언할 수 있다.

간도협약의 분명한 문제점은 '동위토문東爲土門 서위압록西爲鴨綠'이라는 정계비의 내용에 따라 국경이 결정됐다는 점이다. 간도협약을 무효라고 주장해도 서간도 지역은 압록강이 국경선이 된다. 결국 청나라의 목극등이 세운 백두산정계비의 내용이 문제이다.

간도협약의 문제점은 백두산정계비를 국경조약으로 인정할 때와 인정하지 않을 때에 따라 달라진다. 이제 독단적이며 일방적으로 세워진 백두산정계비와 간도협약의 무효 절차를 밟아 중국에 통보해야 한다. 그리고 역사상 문헌에 나타난 한·중 국경선의 재조정 작업이 필요하다.

1909년 간도협약 이후, 우리 정부가 이 지역에 대한 영유권 주장이나 항의를 하지 않는 것은 어떠한 이유에서일까?

　　중국과의 수교 때, 우리 정부는 동·서간도 지역에 대한 영유권 문제 제기조차 하지 못했다. 1990년 러시아(구소련)와의 수교 시에도 30억 달러를 원조하기로 하면서 재소在蘇 한인 문제를 간과해 버렸다. 1937년 스탈린에 의해 강제 이주된 17만 명의 연해주 한인에 대한 문제를 제기하지 않아 당시 한인 45만 명의 명예를 회복시키지 못한 것이다. 더구나 구소련의 분열에 따른 중앙아시아 35만 명 한인의 난민화도 막지 못했다.

　　1909년 청·일이 맺은 간도협약으로 간도는 아직 중국 영토로 되어 있다. 이 문제는 한·중 사이에 청산해야 하는 중대한 현안임에도 정부는 이를 등한시하고 있다. 한·중 수교회담 전, 간도 영유권 문제를 제기해야 한다는 논의가 있었으며, 이 길이 우리 민족의 역사를 바로잡고 우리의 옛 영토를 찾을 수 있는 절호의 기회라고 숱한 학자들이 주장해 왔다. 하지만 현재까지 진전된 것은 거의 없는 실정이다. 대한제국과 상해 임시정부의 법통성을 이어받은 유일한 합법정부로서 간도 문제가 통일 한국의 국경선을 바꿔 놓을 수 있는 중차대한 문제임을 인식하고 대책을 세워야 할 때이다. 영토 내에 거주하는 사람만 우리의 국민이 아니듯이 영토 외에 거주하는 동포들도 우리의 국민이다. 분명 해외 동포들의 생명과 재산을 보호할 임무가 한국 정부에도 있다.

간 도 를 지 킨 이 중 하

박경리도 칭찬한 의인 '이중하'

"나의 목을 내줄 수는 있어도 나라 안의 경계는 한 치도 내줄 수 없음이오!"

박경리 선생은 《토지》에서 이중하를 '의인'이라고 칭했다. '이미 나라의 지배 밖으로 떠난 유민들의 터전을 지켜주기 위하여 목을 내걸고 항쟁한 의인'이라는 찬사까지 덧붙였다.

함경도 안변부사였던 이중하는 1885년 조정으로부터 감계사로 임명받았다. 조선과 청나라 간 국경선을 결정하는 을유감계담판에서 조선을 대표하는 외교관이 된 것이다.

제1차 협상에서 압록강과 두만강을 국경선으로 하려는 청의 압력에 맞서 이중하는 1712년 백두산정계비에 나타난 토문강이 두만강이 아니라 북쪽으로 흘러가는 쑹화강의 지류임을 끝까지 주장했다. 이중하는 청의 대표 덕옥, 가원계, 진영 등과 함께 직접 백두산정계비를 답사하면서 논란이 된 강의 원천을 조사했다. 이 답사로 청은 자신들의 주장이 먹혀들지 않게 됐고, 결국 양국은 경계를 결정짓지 못했다.

1887년 정해감계담판에서 청은 더욱 고압적인 자세로 나왔다. 이때에도 감계사로 임명 받은 이중하는 목숨을 내놓겠다는 말로 청의 요구를 묵살했다. 그는 양보를 하는 척하면서도 현명하게 대처하고 협상을 결렬시켰다. 국가 간의 국경회담에서 일단 영토에 관해 결론을 내리지 않은 것은 이중하의 큰 업적이 아닐 수 없다. 타협점을 찾지 못한 이때의 회담 덕택으로 간도의 영토 문제

토문 감계사 이중하

가 아직도 '분쟁 지역'으로 유효할 수 있는 것이다.

마지막까지 나라를 위했던 이중하

하지만 토문 감계사였던 당시 행적만 나와 있을 뿐 이중하의 모습은 이후 어디에서도 찾아볼 수 없다. 1909년 일진회가 한일병합을 주장하자 민영소, 김종한 등과 함께 국시유세단(國是遊說團)을 조직해 임시국민대연설회를 열고 한일병합의 부당성을 공격했다는 기록이 간략하게 남아 있다. 이후 행적에서 그는 뒷모습조차 아름다운 의인이었다. 종1품 혹은 2품에게 주어지는 '규장각 제학'이라는 벼슬에 이르렀지만 1910년 한일병합으로 나라를 잃자 아들과 함께 경기도 양평으로 낙향했다. 퇴직한 은사금으로 나라에서 3천 원을 주었으나 받지 않았다. 이후 그에게 한일병합을 기념하는 훈장이 내려졌다. 그는 분노를 참지 못하고 반박문과 함께 돌려보냈다. 증손자인 이규청 씨는 "나중에는 눈이 멀어 총독부가 주는 후작 작위를 받지 못하겠다고 했더니 일본이 이를 시험하기 위해 눈에 송충이를 넣었다. 그때 증조부는 꿈쩍도 하지 않은 채 눈을 부릅떴다."라고 부친이 해 준 이야기를 전했다. 그로부터 7년 후인 1917년 이중하는 나라를 잃은 분노를 잊지 못한 채 세상을 떠났다. 그의 묘는 경기도 양평군 양평읍 창대리 선산에 안장되어 있다.

13

일제강점기,
백두산은
항일 격전지로!

노랑포수 홍범도와 갑산 전투

1910년 일본이 조선을 식민지로 삼은 후, 살길을 찾아 두만강을 건너는 조선인들이 꼬리에 꼬리를 물었다. 한편으로는 침략자들과 맞서 싸우기도 했다. 민중들은 동학농민전쟁에 이어 곳곳에서 의병전쟁에 가담했다. 그중 홍범도는 의병전쟁을 지도한 가장 걸출한 사람이었다. 홍범도는 일본군이 '나는 홍범도'라 부를 만큼 날랜 활동으로 일본군을 격파한 독립운동가였다. 함경도 사람들은 그를 '총알로 바늘귀도 뚫는 사람' '축지법을 쓰는 신출귀몰의 명장' '아홉 척 키의 천하무적 장수' 등으로 불렀다고 한다.

홍범도 장군은 태어난 지 7일 만에 모친을 여의고 9세 되던 해에 부친마저 병으로 세상을 떠나 고아가 됐다. 이후 작은아버지 집에서 농사일을 거들며 지내다가 어느 부잣집의 머슴살이로, 또 광산노동자로 생활하기도 했다. 하지만 주로 백두산을 중심으로 산포수山砲手 노릇을 했다. 함경도 사람들은 천지 물을 마시러 오는 사슴을 잡으려고 백두산을 앞산처럼 다니는 사냥꾼들을 가리켜 머리에 노란 수건을 쓰고 다닌다 하여 '노랑포수'라고 불렀다. 백두산호랑이도 노랑포수라 하면 벌벌 떨며 달아났다고 한다.

백두산의 노랑포수 홍범도는 오랜 사냥 생활로 지세에 익숙해 의병대를 거느리고 함경도 일대에 자유자재로 출몰하면서 적을 쳐부쉈다. 일본은 거듭되는 패배를 만회할 목적으로 갑산·혜산 수비대 등의 병력을 삼수성(갑산 서북쪽의 성) 공격으로 내몰았다. 삼수성을 침공한다는 정보를 접한 홍범도는 적들을 혼란시키기 위해 대오를 작은 집단으로 나누어 분산 활동하게 하는 한편, 갑산을 칠 것을 계획했다. 일제 침략자

의병 활동 당시의 홍범도

백두산 노랑포수들

들이 삼수성 공격에 병력을 집중시켰을 때 홍범도 의병대는 감쪽같이 나와 갑산 부근에 집결했으며, 1908년 1월 10일 갑산읍을 공격했다. 의병대는 불의에 일본 수비대를 소탕하고 적들이 사용하던 우편국을 비롯한 여러 건물들을 모조리 불태웠다. 이때 살아서 달아난 일본군은 고작 12명이었다. 갑산 전투를 마친 의병대는 유유히 자취를 감췄다.

백두산 기슭이 피로 물들다

1920년 백두산 기슭의 봉오동과 청산리는 피로 물들었다. 홍범도가 이끌던 대한독립군은 한때 압록강 굽이에 평안북도 강계의 만포진을 점령하고 토벌에 나선 일본군 수백 명을 무찔렀다. 이에 놀란 일제 침략자들은 1920년 6월 독립군을 초토화하기 위해 백두산 기슭의 봉오골로 향했다. 이 소식을 들은 독립군은 작전을 세워 양쪽 산기슭에 숨어 일본군을 기다렸다. 봉오골은 좁은 산골짜기에서 적을 꾀어내는 작전을 펴기에 알맞았다. 중화기로 무장한 일본군은 거침없이 골짜기로 밀고 들어갔다. 그러자 그들을 겨누고 있던 독립군의 총구가 일제히 불을 뿜었다. 뜻밖의 공격을 받은 일본군은 미처 대처할 겨를도 없이 쓰러져 갔다. 골짜기에는 순식간에 시체가 쌓이고 비명소리가 메아리쳤다. 독립군은 조금도 공격을 늦추지 않았다. 전열을 갖춘 일본군이 악을 쓰며 달려들었으나 더 견뎌 내지 못하고 달아나기 시작했다. 서너 시간이 지나 봉오골은 다시 조용해졌다. 독립군의 압승이었다. 독립군은 일본군 157명을 사살하고 300여 명에게 중상을 입혔다. 독립군은 10여 명만이 가벼운 부상을 입었을 뿐이었다.

그로부터 몇 달이 지난 1920년 10월이었다. 봉오동 전투에서 대패한 일본군은 골칫거리인 독립군을 소탕하기 위해 '훈춘 사건'을 일으키고 두 개의 사단병력(약 2,500명)으로 찾아 나섰다. 이에 독립군은 적은 수의 병력으로 많은 일본군에 맞서 싸우기 위해 백두산 기슭인 청산리 골짜기로 들어갔다. 청산리에는 거의 우리나라 사람들이 살고 있었고, 마을 주위에 수백 년 묵은 나무들이 빽빽이 들어서 있어서 천연 요새를 이루고 있었다.

드디어 일본군 대대가 무산을 거쳐 청산리를 삼면에서 에워싸고 공격하기 시작했다. 이에 독립군은 숨을 죽인 채 숲 속에 숨어 있었다. 독립군들이 이미 이곳을 지나간 것으로 생각한 일본군은 안심하고 독립군의 함정 속으로 들어왔다. 바로 그때 독립군은 일제히 방아쇠를 당겼다. 총소리와 비명이 범벅이 됐다. 적군은 정신을 가다듬을 새도 없이 쓰러져 갔다. 독립군은 청산리에서 160리쯤 떨어져 있는 갑산촌에서 일본군 기병대를 무찌르고 큰 승리를 거뒀다.

전투에서 이긴 독립군은 일본군 사단본부가 있는 이랑촌으로 나아갔다. 이때 갑자기 일본군 2만 병력이 개미떼처럼 공격해 들어왔다. 적이 가까이 다가오자 독립군은 적들을 향해 총알을 날렸다. 일본군의 선두는 무너졌다. 이틀 밤낮을 싸운 청산리 전투에서 일본군은 전멸했다. 독립군은 90여 명이 쓰러졌을 뿐이었다.

지금까지는 청산리전투를 김좌진이 지도해 나간 것으로 알려져 왔으나 홍범도의 활약도 매우 컸던 것으로 밝혀지고 있다.

왜 백두산에서 유독 항일무장투쟁이 활발했을까?

백두산 일대에는 항일무장투쟁과 관련해 유서 깊은 곳들이 많다. 백두산에서 북서쪽으로 산기슭을 넘으면 우리 민족의 힘으로 일제 침략자들을 물리쳐야 한다는 방침이 세워진 창춘과 항일무장부대가 꾸려진 백두 밀림 속의 안투현 샤오사허(소사하) 들판, 조국광복회가 꾸려진 푸쑹현 동강, 항일무장투쟁의 근거지인 백두 밀영과 홍두산紅頭山 등이 백두산 마루에서 한눈에 보인다.

백두산 일대가 항일무장투쟁의 중심지가 된 것은 지리 조건이 좋고 대중적 토대가 튼튼했기 때문이다. 백두산 일대는 '도끼로 나무 찍는 소리 한 번 나지 않는' 밀림으로 덮여 있었다. 그렇기 때문에 백두산을 중심으로 한 압록강과 두만강 상류 쪽에는 일제 침략자들과 맞서 싸울 근거지가 튼튼히 꾸려질 수 있었다. 백두산 일대, 특히 우리나라의 혜산과 무산, 중국의 창바이·안투·푸쑹·림강 등의 지역은 근거지를 지킬 병력이 따로 필요하지도 않았으며, 여러 가지 유격 전술을 마음껏 부릴 수 있는 지리적 조건을 갖추고 있었다.

또한 이 일대는 교통과 통신이 발달되어 있지 않았고, 동만 지대(간도)와 달리 일본에게는 취약한 곳이었다. 이와 같은 조건에서 항일무장부대는 매우 유리하게 활동할 수 있었다. 또한 백두산을 중심으로 이 지역에는 당시 많은 조선인들이 살고 있었다. 거의 산악 지대에서 밭을 일구며 사는 화전민들이거나 삼림 노동자들이어서 계급의식이 강했다. 이 일대 민중들의 상당수는 1920년대 말에서 1930년대 초에 노동운동이나 농민운동에 참여한 경험을 가지고 있었으며, 일찍부터 의병전쟁과 독립군 활동의 항일투쟁 의식도 몸에 배어 있었다. 이러한 조건은 항일

무장부대가 백두산을 기점으로 거침없이 활동할 수 있는 기초적 표본이
되었다.

　　항일투사들에게 백두산은 상징적인 존재로 인식되어 왔다. 백두
산이 항일무장투쟁의 상징으로 떠오른 것은 어제오늘의 일은 아니다.
실제로 백두산은 조선 민중들에게 '희망의 별'이었다. 백두산을 가까이
할 수 없던 남쪽 겨레와 달리 가까운 연변에 사는 동포들에게 백두산은
더욱 각별했으며, 항일투사들에게는 마음의 고향이었다.

조국광복회와 보천보 전투

백두산 일대는 항일투사들에게 더없이 훌륭한 곳이었다. 항일투사들은
민족주의 운동의 허약함과 공산주의 운동의 잘못을 깨닫고 광활한 만주
벌판과 백두 밀림에서 거침없이 활동할 수 있었다.

　　반일민족해방운동가들은 1926년 10월 지린성 화뎬樺甸에서 '타
도 제국주의 동맹'을 결성한 뒤 조직을 더욱 넓혀 백두산 자락과 잇닿은
푸쑹, 안투, 둔화敦化, 카륜卡倫, 고유수 등 농촌 지역에서 대중운동을 전
개하기 시작했다. 1920년 말 세계대공황을 맞은 일본 제국주의자들은
조선 민중들을 더없이 억압하고 착취하기 시작했고, 이에 따라 국내에
서는 원산(함경남도) 총파업과 옥구(전북 군산) 농민 항일항쟁 등 노동자와
농민들의 투쟁도 거세졌다. 하지만 만주 지방에서 활동하고 있던 민족
운동 지도자들은 복잡하게 분열되어 대중운동을 높은 단계로 이끌어 내
지 못했고, 공산주의운동 지도자들은 모험을 일삼다가 대중의 힘을 희
생시키기도 했다.

이때 백두산 지역에서 활동하고 있던 민족해방운동가들은 1930년 6월, 지린성 창춘 카룬에서 회의를 열고 그동안 쌓은 경험을 바탕으로 민족해방운동의 새 길을 찾아 나섰다. 이들은 침략자들과 맞서 싸울 군사·정치적 준비를 해 나가는 가운데 그해 7월 이통현 고유수에서 무장조직을 갖추고, 이듬해 12월 백두산에서 멀지 않은 옌지에서 항일무장투쟁을 본격적으로 전개하기 위한 방침을 마련했다.

마침내 1932년 4월, 백두산 기슭인 안투현 샤오사허의 울창한 밀림에서 항일무장조직인 항일유격대가 창건됐다. 이로써 다시 한 번 백두산을 중심으로 항일무장투쟁이 본격화되기 시작했다. 그리고 1933년 3월 항일유격대는 처음으로 두만강을 건너 백두산이 멀리 보이는 함경북도 온성 쪽으로 들어와 무장투쟁을 나라 안으로 넓혀 나가기로 했다. 1936년 2월에는 일본에 반대하는 모든 세력들을 모아 반일민족통일전선을 더욱 확대시키고, 항일부대를 국경 가까이로 진출시켜 백두산 기슭의 넓은 밀림 지역에 근거지를 설치하기 위한 방침이 세워졌다. 이에 따라 항일유격대 북만 원정부대는 백두산이 바라보이는 안투현 미혼진迷魂陣과 푸쑹현 마안산馬鞍山을 거쳐 백두산 기슭의 동강에 이르렀다. 여기에서 1936년 5월 5일, 최초의 반일민족전선통일조직인 조국광복회가 꾸려졌다.

조국광복회가 조직된 뒤 백두산 기슭에는 백두산 근거지가 새롭게 마련되고 무장투쟁도 나라 안 깊숙이 확대됐다. 이 근거지는 백두산 기슭에 펼쳐진 넓은 밀림 지대의 유리한 자연·지리적 조건을 이용해 설치한 밀영들과 폭넓은 민중들 속에 깊이 뿌리내린 비밀 조직들이 서로 튼튼히 연결된 비밀 근거지였다. 항일부대는 백두산 서남부 일대의 광활한 산악 지대에서 푸쑹현 전투 등 거침없는 군사 활동을 벌이는 한편,

백두산 근거지를 중심으로 넓은 지역에서 '조국광복회 장백현위원회'와 나라 안의 갑산·혜산 일대의 '한인민족해방동맹' 같은 조국광복회의 하부 조직들을 꾸려 나갔다.

백두산 근거지가 더욱 튼튼해지고 조국광복회의 조직이 나날이 발전하여 국내에도 반일조직들이 꾸려짐에 따라 항일주력부대는 1937년 3월 국경을 넘어 국내로 진공하기로 하고, 1937년 3월 회의를 열어 국내 진공작전을 성공시키기 위한 방침을 세웠다. 이 방침이란 항일부대 부대장의 책임 아래 일본의 철통같은 방어막을 뚫기 위해 국내 반일조직인 한인민족해방동맹과 긴밀히 연결할 수 있는 보천보普天堡를 공격하되, 일본의 국경 경비를 혼란에 빠뜨리기 위해 무산 쪽도 함께 공격한다는 내용이었다.

이 방침에 따라 제4사는 푸쏭·안투·허룽을 돌아 두만강 가에 있는 무산으로 쳐들어가 적들을 혼란시키고, 제2사는 압록강 지역에 있는 림강과 창바이로 나아가 후위를 맡으며, 주력부대인 제6사는 창바이에서 압록강을 건너 보천보로 쳐들어간다는 작전이 세워졌다. 이러한 계획에 따라 먼저 제4사는 1937년 5월 일본군 토벌대를 무찌르고 두만강을 건너 5월 15일 함경북도 무산의 한 마을을 공격하여 주재소를 비롯한 일본의 억압기구를 파괴했다. 독립군 출신인 최현은 이 작전을 지휘하여 유명해졌다.

주력부대인 제6사는 한인민족해방동맹을 이끄는 간부들과 연계하여 보천보에 대한 정찰을 시도하는 등 국내 진공을 위해 모든 준비를 해 놓고 있었다. 6월 3일, 제4사가 무산을 공격했다는 소식이 전해지자 주력부대는 압록강을 건너 국내의 조국광복회원 80명과 합류한 뒤 보천보에 이르렀다. 이때 압록강을 건넌 곳은 구시물동(양강도 보천군)으로,

일본이 백두산 기슭의 산림자원을 약탈하기 위해 1924년 만들어 놓았다. 보천보 시내에서 적의 동태를 다시 살핀 주력부대는 6월 4일 밤, 보천보로 통하는 도로를 차단한 다음 시가지로 쳐들어갔다. 눈 깜짝할 사이에 시가지를 점령한 주력부대는 경찰주재소, 면사무소, 삼림구 등의 관공서를 불태웠으며 거리마다 '조국광복회 10대 강령' '조선 인민에 알린다!' 같은 유인물을 뿌렸다. 주력부대는 기뻐하는 보천보 주민들에게 모두 힘을 합쳐 일제 침략자들과 싸울 것을 호소하기도 했다.

일본의 식민통치기구를 쳐부수고 민중들에게 선전 활동을 마친 주력부대는 경기관총을 비롯한 노획물들을 가지고 압록강을 건너왔다. 항일무장부대의 보천보 진공에 깜짝 놀란 일본은 혜산의 경찰 병력 등 국경 경비부대를 투입하여 뒤쫓아 왔지만 창바이현 무산에서 대패했다. 이리하여 보천보 진격을 성공적으로 마친 제6사는 창바이의 밀영에서 제2사와 제4사를 기다려 간삼봉으로 이동했다.

한편 1937년 7월 중일전쟁을 일으킨 일본 제국주의자들은 항일무장부대에 대해 더욱 강압적인 토벌에 들어갔다. 그러나 그럴수록 백두산 근거지는 더욱 단단해졌으며, 항일부대와 민중들도 더욱 긴밀히 연계해 갔다.

고난의 행군과 대홍단벌 전투

항일부대가 백두산 근거지를 떠난 틈을 타 일본은 압록강을 끼고 있는 혜산·창바이 일대에서 이른바 '혜산 사건'을 일으켜 1939년 10월부터 700여 명의 핵심적 민족운동가들을 검거했다. 두 차례에 걸친 대규모

양강도 혜산의 모습

검거로 한인민족해방동맹을 비롯한 조국광복회 조직은 크게 타격을 입었다.

　　한편 동강 쪽에서 활동하고 있던 항일부대는 일본이 백두산 근거지에 대한 전면공세를 퍼붓는 상황에 대처하기 위해 1938년 봄, 일부 부대를 다시 백두산 쪽으로 진출시켰다. 이 일대에서 항일부대는 혜산사건 이후 대중들에게 항일무장부대를 전멸시켰다고 떠들어 대던 일본의 거짓 선전을 모두 파탄시켰다.

　　1938년 여름 이래 주력부대는 푸쑹, 멍장蒙江, 림강 일대를 떠들면서 평야 지대에 집결한 일본군과 만주군을 유인하고 습격했다. 그해 11월 멍장현 남패자에서 항일부대 간부회의와 병사대회를 열고, 국제기관의 잘못된 노선을 비판하면서 다시 국경 지대로 진출하여 무장투쟁을 넓혀 나가기로 했다.

1938년 12월 초, 남패자 회의에서의 결정에 따라 무장부대는 멍장에서 적과 끊임없는 조우전을 벌이며 굶주림을 참고 눈길을 헤쳐 나가는, 이른바 고난의 행군을 시작했다. 항일유격대가 1938년 초부터 이듬해 3월까지, 거듭되는 곤란을 이겨내며 남패자에서 압록강 연안의 국경 지대로 진출하는 행군이었다. 이 행군으로 유격대원들의 결속은 매우 강화됐다. 적들은 10만 명에 가까운 큰 병력으로 끈질기게 항일부대를 추격해 왔으나 무장부대는 모이고 흩어지며 움직이고 치는 유격 전술로 일본의 포위 공격을 하나하나 격파하며 압록강을 건너갔다.

항일부대의 국내 진출에 당황한 일본은 유격대의 종적을 찾는 데 혈안이 되었다. 일본은 국경 지대에 수비대와 함남·북 경찰, 평남·북 경찰까지 백두산 일대로 출동시켰으며 수많은 밀정을 파견하여 부대의 움직임을 주시했다. 이에 항일부대는 적들의 약점을 철저히 분석하여 산기슭이 아닌 약 120km에 달하는 갑무경비도로를 대낮에 쉬지 않고 신속히 관통하는 '한달음으로 천리를 가는 일행천리—行千里 전술'을 사용하여 대홍단 지구로 이동했다. 그때 신사동 부근에서 경계를 서고 있던 소대로부터 적들이 나타났다는 보고가 들어왔다. 적들의 수를 내다본 항일부대는 달려드는 적들을 꾀어 내어 대홍단 쪽으로 나아갔다.

항일부대의 8연대와 경위중대는 5월 23일 새벽 대홍단벌의 국사봉에 이르렀다. 이 국사봉은 대홍단벌을 한눈에 내려다볼 수 있는 전술적으로 중요한 지대였다. 대홍단벌은 왼쪽으로 두만강이 흐르고 오른쪽으로 소홍단수를 끼는 해발 1,500m나 되는 증산과 까치봉 등에 둘러싸여 있는 곳이다. 봄이면 이 벌에 붉게 피는 진달래와 철쭉꽃이 소홍단 골짜기에 가서 끝난다고 하여 대홍단벌이라고 불렀다.

항일부대는 이 벌의 길목을 장악하고 적들을 꾀어내어 불벼락을 내릴 작전을 짰다. 지휘부는 적들이 곧 뒤따르리라는 것을 눈치 채고 대 홍단벌을 앞둔 유리한 지점에 8연대와 경위중대를 숨기고 후속 부대인 7연대가 돌아오기를 기다렸다. 7연대는 적들과 간격을 유지하며 8연대 의 매복선으로 유인했다. 위급한 순간이었다. 7연대의 주력이 매복선을 빠져 나가자 정신없이 달려오던 적들은 대홍단벌의 새초(억새) 밭에서 일제히 전투를 개시했고, 7연대는 적의 뒤로 돌아가 포위하며 치열한 공방전을 벌였다.

국사당 언덕에서 살아남은 적들은 황급히 유곡 쪽으로 도망치다 가 그쪽에서 급히 달려오던 다른 무리와 맞붙어 서로 총질하는 바람에 대홍단 전투는 항일유격대의 대승리로 끝났다.

일제강점기부터 현대까지 민족의 상징, 백두산

일제강점기를 거쳐 현대에 이르면서, 백두산은 '민족의 성산'이라는 이 미지를 구축했다. 백두산은 독립운동가나 애국의식이 있는 사람들에게 는 민족해방의 의미로, 오늘날에는 통일 한국의 상징이라는 의미를 띠 게 됐다. 을사조약 체결로 조선의 외교권을 일본에 박탈당한 이후 신민 회 활동을 하던 독립투사들은 만주로 망명하고 신흥무관학교를 세웠다. 당시 교가의 2절에는 다음과 같은 표현이 있다.

장백산 밑 비단 같은 만리낙원은
반만년래 피로 지킨 옛집이거늘
남의 자식 놀이터로 내어 맡기고

종 설움 받는 이 뉘요

1910년대 독립군 부대의 노래 가사에도 백두산에 대한 애정이 담겨 있다.

백두산하 넓고 넓은 만주 뜰들은
건국 영웅 우리들의 운동장이요
걸음걸음 대를 지어 앞만 향하여
활발 발 나아감이 엄숙하도다

1919년 삼일운동 이후 폭발적으로 일어난 민족해방운동사에서 불렀던 다양한 노래 가사에서도, 백두산을 민족적 의미로 승화시키고 있다. 1940년대 한국광복군의 〈선봉대가〉 〈압록강 행진곡〉 〈조국행진곡〉 〈앞으로 행진곡〉 등을 살펴보면 백두산에 대한 기원이 적혀 있다. 그중 〈조국행진곡〉의 가사를 보면 이러한 특징이 잘 나타나 있다.

팔도강산 울리며 태극기 펄펄 날려서
조국 독립 찾는 날 눈앞에 멀지 않았다
백두산은 높이, 압록강은 길게 우리를 바라보고 있고
지하에서 쉬시는 선열들 우리만 바라보시겠네

그리고 1936년 처음 만들어져 광복 이후 지금까지 정식 국가로 부르고 있는 애국가에서도 분명히 백두산을 확인할 수 있다.

민족 상징으로서의 백두산은 미 군정기(1945~1948) 군정청 문교

부에서 발행된 교과서에서도 확인된다. 1947년에 발간된 초등국어 6학년 1학기 교과서는 총 35과로 구성되어 있는데, 이 가운데 맨 마지막인 35과의 주제가 '나의 조국'이다. 그 내용을 살펴보면 다음과 같다.

아득한 역사를 품에 품고
굽이쳐 흐르는 두만강 물
세계의 하늘과 서로 통한
자유와 평화의 우리 하늘
무궁화 꽃피는 나의 조국
이 땅에 태어난 복된 우리

백두산 꼭대기 맑은 정기
대대로 물리며 크는 겨레
이마에 흐르는 땀방울로
나날이 살찌는 우리 옥토
무궁화 꽃피는 나의 조국
이 땅에 태어난 복된 우리

위 내용에 나타난 백두산은 민족정기의 발원으로 상징되고 있다. 또한 1947년 민족의 기상을 잃지 않기 위해 일본이라는 낯선 땅에서 민족 교육을 담당했던 재일조선인총연합회의 음악교과서에도 노래를 게재하여 민족 상징으로서의 백두산의 의미를 고취시켰다.

백두산은 조선의 제일 높은 산

구름 위에 솟아 있는 제일 높은 산

다시 찾은 백두산 우리나라 산

잃지 말고 지키자 우리나라 산

1948년 8월 15일 대한민국 정부 수립과 함께 새로운 헌법이 제정됐다. 헌법 제3조를 보면 "대한민국의 영토는 한반도와 그 부속 도서로 한다."라고 명시하고 있다. 물론 개별 조항에서 백두산이라는 특정 지역을 병기하지는 않았지만, 이는 백두산을 기점으로 하는 영토 조항임을 확실히 하는 것이다.

1950년 6월 25일 한국전쟁이 발발하고 국군은 북한군에 밀려 낙동강 전선까지 후퇴하기도 했지만, 인천 상륙작전의 성공으로 9월 28일 수도 서울을 재탈환했다. 이 자리에서 당시 신익희 국회의장은 "아직도 상실한 국토를 완전히 회복하여 백두산 산봉우리와 두만강 강가에서 태극기 휘날리게 되도록"이라는 내용의 담화를 발표했다. 이승만 대통령도 1950년 10월 2일 평양 방문 환영 시민대회에서 "유엔UN군은 방금 압록강과 두만강으로 진격하고 있으며, 우리가 희망하는 대한민국을 이룩하기 위하여 백두산에 태극기가 오르는 것은 시간문제이니 유엔 각국과 우리들은 협력해야 한다."라는 훈시를 발표하기도 했다. 이때 사람들은 백두산에 태극기를 게양하는 것이 전쟁의 종료를 뜻하는 것이라 여겼다. 그러나 중공군의 대량 참전으로 현재의 삼팔선三八線에서 휴전이 고착화됐고, 백두산은 우리의 인식에서 점차 희미해져 가기 시작했다.

백두산은 남북 모두에게 민족의 상징이다. 특히 북한의 경우 백두산을 성역화하며 항일민족투쟁의 성지로 묘사하기도 한다. 남한 역시 헌법 제3조에서 언급한 것처럼 백두산을 정점으로 국토 수호의 일부분

광복 40주년, 50주년 기념 우표에 심벌마크로 실린 백두산

으로 명문화하고 있다.

　　그러나 백두산의 영유권 문제로 중국과의 본격적인 마찰이 예상되는 이 시점에서, 남북한의 지혜와 협력을 통해 적절한 대응과 바람직한 해결책을 이끌어 내야 한다.

　　지난 2003년 남북 평화축전에서는 남한과 북한이 백두산과 한라산에서 공동으로 성화를 봉송한 적도 있다. 정치적 문제로 인해 남북은 긴장 관계를 형성하기도 하고 화해·협력 관계를 구축하기도 하지만, 우리 민족의 장래를 위해서는 '백두산 영유권' 문제에 대해 힘을 모아야 한다. 민족의 영원한 발전을 위해 민족의 성지를 공동으로 보존하는 것이야말로 정치적 문제를 뛰어넘어 민족 화해로 나아가는 지름길이기 때문이다. 또한 이러한 협력 관계는 통일의 상징인 백두산의 이미지를 더욱 강조하는 작업이기도 하다. 지난 2000년 남북 정상이 6·15 남북공동선언에서 약속한 대로, 남과 북은 나라의 통일 문제를 그 주인인 우리 민족끼리 서로 힘을 합쳐 자주적으로 해결해 나가야 한다.

현재 백두산에 대한 학계의 연구나 일반인의 관심은 매우 열악한 수준이지만, 지난 1993년 여·야 국회의원 253명이 북한과 중국의 백두산 분할이 무효이며 백두산은 그 전체가 한국 영토임을 선언하는 '백두산 영유권 확인에 대한 결의안'을 제출하기도 했다. 여기에서 백두산 영유권 확인에 대한 이유를 "우리 민족의 발상지이며 우리의 불가양도한 영토인 백두산이 북한에 의해 훼절·할양되고 있음이 북한, 중국 및 일본 지도 등 여러 가지 사실을 통해 확인되고 있으므로 민족의 영산인 백두산을 수호하고 신성불가침한 국토를 보전하기 위해 민족의 당연한 권리와 의무로서 이 결의안을 제안한다."라고 밝혔다. 한편 1995년 광복 50주년 기념사업위원회의 공식 휘장과 우표에는 백두산이 '태극' '동해물'과 함께 심벌마크로 채택되기도 했다.

비운의 간도 관리사 이범윤

"청산리 큰 바위 밑에 내 유품이 있으니 광복하면 반드시 찾아오라."

이범윤은 간도 관리사로 우리 영토와 간도 이주민의 안위를 지키기 위해 노력했으며, 간도협약 이후 만주와 연해주 일대에서 항일무장투쟁을 이끌었던 의병장이다. 위 문장은 그가 광복을 보지 못하고 가족들이 지켜보는 가운데 숨을 거두며 남긴 유언이다.

이범윤이 간도에 처음 발을 디딘 것은 1902년 5월 22일 고종으로부터 '간도 시찰사'의 명을 받고 나서였다. 그해 6월 간도에 도착한 이범윤은 1년간 조선인 인구 등을 조사했다. 황현의 《매천야록(梅泉野綠)》에 의하면, 이범윤은 1만 3천여 명의 호적부를 작성해 52책에 담은 후 양국 지도에 기재된 부분을 채집하여 《북여요람》이라는 이름을 붙여 정부에 제출했다고 전해진다. 하지만 아쉽게도 이 책은 발견되지 않았다.

청 위협으로부터 조선인 보호

1903년 이범윤은 간도 시찰사에서 간도 관리사로 직무를 바꾸게 된다. 간도 지역을 우리 영토로 인식한 정부가 자국민을 보호하기 위해 결단을 내린 것이다. 고종은 이범윤을 간도 관리사에 임명하면서 권능을 상징하는 유척(놋자)과 마패를 함께 내렸다. 이후 시찰 활동에 전념하던 이범윤은 청나라 관리들의 폭정에 맞설 수 있게 교민보호관을 설치하고 군대를 파병해 달라고 정부에 요청

이범윤이 간도 관리사로 제수되면서 받은 위임장과 마패 직인

했다. 하지만 이는 묵살됐고, 이범윤은 스스로 장정들을 모집해 충의군을 꾸렸다.

1905년 계속되는 청나라의 압력을 이기지 못한 정부는 이범윤에게 소환 명령을 내렸다. 간도를 떠나야 하는 상황이었지만 이범윤은 이에 불복하고 국외 망명을 결심했다. 스스로 조직한 충의군 사포대를 이끌고 두만강 건너 연해주에서 의병 활동을 시작했다. 이후 그는 이동휘 등과 국내 진입을 계획하는가 하면, 대한의군부를 조직해 청산리 대첩에도 직간접적으로 참가했다.

이범윤은 1940년 10월 20일 서울 마포구 공덕동에서 조국의 해방을 끝내 보지 못한 채 숨을 거뒀다. 당시 일본 형사들의 감시 탓에 주변에

알리지도 못하고 장례는 조용히 치러졌다. 민족을 위해 일생을 투신한 애국지사의 안타까운 죽음이었다.

그 후 1968년 이범윤은 서울 동작동 국립 현충원 묘역에 안장됐다. 하지만 허묘이다. 이범윤의 유해는 이미 장례를 치르고 화장됐으며, 자손들도 수습된 곳을 알지 못한 까닭이다. 선산이 있는데도 화장한 것은 생활이 어려워 상여를 꾸밀 여유도 없었지만 당시 독립운동가라는 게 알려지면 자손들에게 화가 미칠 수도 있었기 때문이다.

5장

—

백 두 산
VS
창 바 이 산,
영토 분쟁과
국 제 법

14

백두산의
현재 국경과
그 속사정

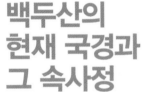

백두산 천지는 왜 중국과 함께 쓰고 있을까?

모든 나라들은 다른 나라들과 경계를 이루고 있다. 이를 국경國境이라고 한다. 예부터 지금까지 국경을 둘러싼 다툼은 끊이질 않는다. 세계 뉴스를 보다 보면 이스라엘-팔레스타인 분쟁, 러시아-우크라이나 국경 분쟁 등을 볼 수 있다.

　　국경은 왜 중요하고, 국경을 둘러싼 분쟁은 왜 계속 일어날까? 그것은 어느 지역에 대한 영유권을 서로 주장하기 때문이다. 주권이 미치는 공간을 둘러싼 국경선은 늘 긴장 상태에 있다. 그렇다면 백두산과 그 주변 지역은 현재 어떻게 국경을 이루고 있을까? 그리고 지금처럼 국경을 이룬 근거와 배경은 무엇일까?

저우언라이(좌)와 김일성의 모습. 1962년 이들이 만나 북한과 중국의 국경을 이루는 조·중 변계조약을 체결했다.

중국을 통해 백두산을 오르다 보면 국경을 알려 주는 비석들을 만날 수 있다.

예부터 지금까지 국가들은 이처럼 국경을 둘러싼 많은 분쟁을 예
방하기 위해 조약을 체결했다. 백두산정계비, 간도협약 등은 백두산과
그 주변 지역을 둘러싼 국경조약이라고 할 수 있다.

그럼 백두산의 현재 국경을 이루는 조약은 무엇일까? 바로 1962
년 10월 12일에 맺은 '조·중 변계조약'이다. 조·중은 북한의 공식 명칭
인 '조선인민민주주의공화국'의 앞 글자와 중국의 공식 명칭인 '중화인
민공화국'의 앞 글자를 줄인 말이다. 변계란 '가장자리의 경계'라는 말
로, 국경과 같다. 그래서 이를 '북·중 국경조약'이라고도 한다. 이 조약
은 북한과 중국이 맺은 현대의 국경획정조약boundary treaty이라고 할 수
있다. 이는 인접국 간의 국경을 서로 정확하게 규정하여 국가의 주권이
미치는 범위를 명확하게 하는 것을 의미한다. 이러한 조약이 있어야 서
로 국경을 둘러싼 갈등과 분쟁을 막을 수 있다.

그렇다면 시간을 돌려 당시의 조약이 어떤 내용을 담고 있는지 알

아보자. 우리나라는 이 조약의 내용을 1999년이 되어서야 알 수 있었다. 왜냐하면 대한민국과 북한은 서로 휴전 상태였기에 북한은 이러한 국경 조약에 대해 공유하지 않았다.

또한 조약의 다른 당사자인 중국은 한국과 1992년 8월 24일에 수교를 맺었다. 이 수교를 바탕으로 비로소 적대 관계에서 벗어날 수 있었다. 그럼에도 불구하고 중국은 그동안 이 조약에 대해 철저히 비공개를 지켰다. 오랫동안 감춰졌던 이 조약은 오늘의 백두산과 내일의 백두산을 모두 담고 있는 중요한 자료이기도 하다.

이 조약은 양국의 대표가 1962년 10월 11일부터 13일까지 평양에서 회의를 하고, 이후 1964년 3월 20일 베이징에서 의정서를 교환함으로써 효력이 발생됐다. 백두산, 압록강, 두만강, 그리고 황해까지 영해領海의 국경선은 이 조약을 통해 정해졌다. 여기서 우리가 주목해야 할 점은 역시 백두산이다. 이 조약에서 백두산은 어떻게 됐을까? 조약문에 따르면, 백두산 천지의 경계선은 '천지를 둘러싸고 있는 산마루의 서남쪽 안부(말안장처럼 들어간 부분)로부터 동북쪽 안부까지를 그은 직선'으로 하고 있다. 이에 따라 현재 천지의 54.5%는 북한에, 45.5%는 중국에 속해 있다.

또한 이 조약에는 압록강과 두만강의 경계 및 두 강의 하중도와 사주(모래섬)의 귀속에 관한 내용도 담고 있다. 조약의 의정서에는 양측 국경의 총 451개 섬과 사주 가운데 조선민주주의인민공화국은 264개의 섬과 사주(총면적 87.73㎢)에 대해, 중화인민공화국은 187개의 섬과 사주(총면적 14.93㎢)에 대해 영토권이 있음을 열거하고 있다. 압록강 주변의 섬과 면적으로 보면 약 여섯 배를 북한이 선점하는 것이다. 총 5개조로 되어 있는 이 조약을 토대로 북한과 중국이 국경을 정리하게 됐다. 흔히 우리나라 지도에서 백두산 천지는 우리나라의 영토로 표시되어 있으나 국경조약에 따르면 북한과 중국으로 분할되어 있다.

조·중 변계조약을 통해 알아보는 백두산의 오늘

조·중 변계조약은 현재까지 실효성을 지니고 중국과 북한의 국경을 나누고 있다. 그렇다면 이 조약은 우리 땅 백두산에 대해 어떤 의미를 가지고 있을까? 먼저 이 조약이 나온 배경을 살펴봐야 한다. 역사를 거슬러 올라가 1909년 9월 4일 조선은 외교권이 박탈된 상태에서 청나라와 일본의 간도협약을 지켜볼 수밖에 없었다. 이 조약의 당사자인 조선은 배제됐고, 일본은 남만주철도 부설권과 무순 탄광 개발권을 가져갔다. 이후 시간이 흘러 청나라는 멸망하고 중화인민공화국이 됐다. 일본은 1945년 8월 15일 제2차 세계대전에서 항복을 했다. 조약의 당사자인 청나라와 일본이 패망함에 따라 중국과 북한은 새로운 국경조약을 체결할 필요가 있었다.

　　체결 과정에서 북한과 중국은 많은 고민을 했을 것이다. 조약에 따라 양측의 국익이 결정될 수 있음을 잘 알고 있었을 것이다. 또한 양측에게 압록강과 두만강, 백두산은 역사적으로 중요한 곳이다. 이러한 역사적 중요성 위에 정치적인 이해관계도 작용했을 것이다. 알다시피 중국과 북한은 동맹 관계였다. 중국은 북한에게, 북한은 중국에게 서로 빚이 있었다. 1946년부터 1949년까지 중국의 공산당과 국민당과의 '해방전쟁'에서 북한은 많은 도움을 주었다. 북한은 아직 국가로서 체제가 완성되지 않은 상태에서도 중국 공산당의 동북 전투에 무조건으로 지원했다. 북한의 전폭적인 지원은 1949년 10월 1일 중화인민공화국의 성립에 큰 도움이 됐다. 중국은 이 빚을 이후 우리가 잘 알고 있는 한국전쟁에서 갚았다. 한국전쟁에서 북한이 위기에 놓이자 중국은 막대한 원조를 했다.

　　이러한 동맹 관계에서 출발한 국경조약이지만 그래도 쉽지 않았을 것이다. 당시 북한과 중국은 "토문강은 어디인가?"라는 논쟁에 대해서는 일단 접어 두고, 두만강 상류로 국경을 확정했다. 압록강 발원지와 그 아래 협곡을 국경으로 정하는 것은 별문제가 없었다. 그러나 백두산과 압록강의 섬에 관해서는 충돌이 많았을 것이다. 협상 과정이 비밀이었기에 현재로서는 어떠한 구체적인 기준으로 조약을 체결했는지 알 수 없다.

　　다만 몇 가지는 추론해 볼 수 있다. 백두산 천지와 백두산을 일방적으로 한 국가의 영토로 편입하지 않고 나누었다. 그리고 압록강의 섬과 사주는 육지에 가까운 곳과 거주민의 비율에 따라 자국의 영토로 편입했다. 이러한 조약의 내용을 추론해 보면, 중국이 우위에서 조약을 맺지 않았을 것이다. 북한이 중국에게 한국전쟁의 빚이 있다면, 중국은 북한에게 해방전쟁의 빚이 있었기 때문이다. 이 조약은 백두산의 현재를 결정하는 조약이 되었다. 그리고 백두산의 내일에 대해 많은 질문을 남겼다.

통일 한국에서 백두산의 내일을 묻는다

비밀리에 체결된 변계조약은 중국은 중국대로, 한국은 한국대로 논란의 여지가 있다. 중국의 입장에서는 청나라와 일본이 맺은 간도협약에서 자신들의 이익을 실현하지 못했다는 점이 불만족스러운 내용이었다. 그래서 이러한 불만은 저우언라이周恩來와 김일성의 조약 체결에 중재자 역할을 한 주덕해에게 돌아갔다. 그는 연변조선족자치주의 초대 주석이었다. 중국의 입장에서는 조선족인 주덕해가 북한에게 상당한 이익이 되도록 노력했을 것이라고 생각할 수 있다. 이러한 이유로 주덕해는 비난을 받았고 책임을 질 수밖에 없었다.

한국에서도 이 조약에 대한 한계에 대해 말하고 있다. 먼저 이 조약에서 토문강을 두만강으로 상당히 인정한 부분이 있고, 백두산과 천지를 중국과 나누게 됐다는 점이다. 그리고 이러한 백두산의 분할은 통일 한국에 상당한 부담으로 작용할 것이라는 전망이다.

그렇다면 통일 이후 한국은 이 조약을 어떻게 바라봐야 할까? 통일 한국은 이 조약을 가지고 중국과의 복잡한 외교전과 국제정치를 해야 할 듯하다. 먼저 유엔에 가입하기 이전에 체결된 조약이므로 북한과 중국 모두 유엔 사무국에 등록하지 않았다. 중국은 1971년에 가입했

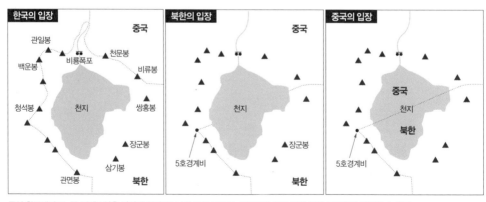

통일 한국에서 조·중 변계조약을 어떻게 인정하느냐에 따라 국경선, 중국과의 외교 관계 등이 복잡하게 펼쳐질 수 있다.

으며, 북한은 대한민국과 함께 1991년에 가입했다. 더군다나 이 조약은 비밀리에 체결되어 감춰져 있다가 1999년이 되어서야 우리에게 알려졌다. 그렇다면 비밀 조약이며 유엔 승인이 없는 조약이 현재 효력이 있을까?

결론부터 말하자면 효력이 있다. 비밀 조약이라 하더라도 양국의 당사자가 평화적으로 체결했다. 또한 당시 유엔의 승인이 없었더라도 국제 조약으로써 지금은 효력을 지니고 있다.

그렇다면 통일이 된 한국에서는 효력이 있을까? 통일의 과정이 앞으로 이 조약의 효력에 영향을 줄 것이다. 크게 보면, 통일조약을 체결하는 과정에서 이 변계조약을 인정하여 국경을 획정하는 방안과 이전의 조약을 무효화하고 새로운 조약을 체결하는 방안이 제시될 수 있다. 첫 번째 방안은 통일 독일의 사례를 보며 추론해 볼 수 있다. 먼저 동·서독의 경우처럼 조약의 승계와 절차를 그대로 받아들인다는 통일조약을 명시한다면 지금의 국경선은 유지될 것이다. 이것은 동독과 서독이 다른 나라와 맺었던 국경선을 그대로 인정했던 점에서 출발한다. 즉 한국에서도 조·중 변계조약의 효력을 인정하고 그 국경선을 유지하는 것이다.

두 번째 방안은 이와 다르다. 조약의 승계와 절차에 대해 통일 한국이 조약의 당사자가 되어야 함을 선언하고 작성할 수 있다. 이에 따르면 조약의 당사자는 통일 한국이 되어야 한다. 따라서 북한과 중국이 체결한 국경조약의 승계는 배제되고 새로운 조약을 체결할 필요가 있다. 중국 정부가 북한과 조약을 체결했던 바를 무효라고 주장할 수도 있다. 결국 한반도의 통일을 준비하는 과정에서 백두산과 우리 영토를 위한 만반의 준비를 해야 한다. 지금의 국경을 유지하든, 아니면 새로운 국경

독일 브란덴부르크 문의 모습. 베를린의 상징으로, 한때 서베를린과 동베를린의 경계선이었다. 독일은 1990년 10월 3일 마침내 통일을 이루었다.

을 위한 조약을 체결하든 협상 과정에서 많은 대비를 해야 한다. 우리 땅 백두산을 지키기 위해서는 역사·지리적 사료 연구와 함께 국제법 조약에 대한 준비도 필요하다. 그리고 무엇보다 백두산의 실효적 지배를 위한 남북한 공조와 해외 홍보도 게을리하지 말아야 한다.

북한에게
백두산은
어떤 의미일까?

북한은 공산(사회)주의 국가이다. 중국과 달리 3대 세습 체제를 유지하고 있다. 그렇다면 북한에게 백두산은 어떤 의미가 있을까? 북한은 중국의 '창바이산'에 동조하고 있을까?

백두산은 북한 지도부에게 있어 매우 중요한 공간이다. 왜냐하면 북한은 세습의 정당성을 백두산에서 찾기 때문이다. 이름하여 '백두혈통'이다. 옛날 왕조 국가처럼 영웅심과 신비로움을 백두산에서 찾고 있다.

최근 김정은이 북한의 최고 지도자로 등장하면서 다시금 백두혈통을 강조한다. 나이도 어리고 정치 경력도 적기 때문이다. 그래서 김일성과 김정일의 후계자임을 알리는 정통성을 찾는 것이다. 또한 이러한 혈통 논리로 북한 주민이 수령과 당의 지시에 무조건적으로 복종하도록 하는 규율을 강요한다. 이를 통해 체제 안정을 도모하고 있다.

북한 주민들은 교화와 훈육을 통해 어릴 때부터 이런 경직된 사회체제에 익숙해져 있다. 북한이 70년 가까이 독재가 가능한 것도 그 이유일 것이다. 백두산은 그런 의미에서 북한에서 중요한 공간이다. 이곳에 김일성, 김정일과 관련된 많은 유적지를 보존하고 사상 교육의 장소로 활용하고 있다.

백두산의 지명들은 장군봉, 정일봉 등 특별히 김일성 부자와 연관이 많다. 그들에게 백두산은 체제의 유지와 지배를 위한 더할 나위 없는 좋은 선전 장소이기 때문이다.

15

'백두산'에서
'창바이산'으로

14. 백두산의 현재 국경과 그 속사정
백두산 천지는 왜 중국과 함께 쓰고 있을까?
조·중 변계조약을 통해 알아보는 백두산의 오늘
통일 한국에서 백두산의 내일을 묻는다

15. '백두산'에서 '창바이산'으로
중국의 실효적 지배를 위한 시도, 동북진흥책
'백두산'이 아닌 '창바이산'의 의미

16. 중국의 끝없는 영토 추구와 국제법
세상의 중심에서 중국을 외치다
중국의 영토 분쟁 지역들
무력 행동과 외교를 통한 영토 분쟁 해결
국제법과 국제재판을 통한 해결

중국의 실효적 지배를 위한 시도, 동북진흥책

백두산의 오늘과 내일을 바라보면서 우리는 중국의 대응을 지켜봐야 한다. 중국은 백두산의 '실효적 지배'를 위해 차근차근 준비하고 있다. 왜 실효적 지배는 중요한 것일까? 향후 영토 분쟁에서 판가름을 결정하는 가장 중요한 요인이기 때문이다. 최근 대한민국 정부가 독도의 실효적 지배를 위해 다양한 정책을 펼치는 이유도 여기에 있다. 그럼 실효적 지배는 어떻게 정의 내릴 수 있을까? 이는 어떤 국가가 특정 영토를 '실제로 통치하고 있는 것'을 말한다. 예를 들어 지배권을 주장하는 지역에 실제로 군대 등을 주둔시키고 있는 경우, 실효적 지배가 이루어지고 있

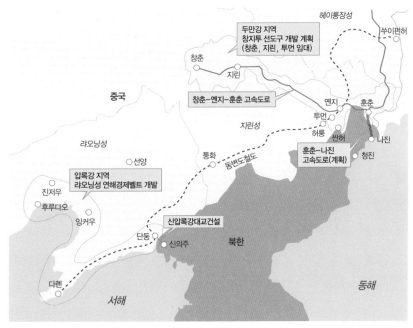

중국은 동북진흥 계획을 통해 라오닝성, 지린성, 헤이룽장성을 개발하고 있다.

다고 간주한다. 국가 영역은 특정 국가에게 귀속되는 공간이기 때문에 국가는 특별한 국제법상의 제한이 없는 한 원칙적으로 그 영역 내의 모든 사람과 물건을 지배하며, 타국의 주권적 기능 행사를 막을 수 있다. 이러한 포괄성과 배타성을 갖는 국가의 권능을 '영역 주권'이라고 한다.

즉 실효적 지배를 하는 영토는 국제법상 그 나라의 주권을 인정받는다. 동북진흥책은 동북삼성(둥베이에 있는 랴오닝성, 지린성, 헤이룽장성)에 대한 경제개발 계획을 말한다. 2003년부터 시작한 이 개발 계획은 장기적인 관점에서 시작하고 있다. 그리고 최근 2014년에는 신新 동북진흥책을 제시했다. 그렇다면 왜 중국은 이 지역에 대해 대대적인 개발을 꾀하고 있을까? 먼저 소외되어 있는 지역에 대한 균형 성장의 관점이다. 중국은 이제 상대적으로 열악한 지역을 개발하여 균형 발전과 내수 경기 부양을 통한 경제 성장을 동시에 추구하고 있는 것이다.

하지만 중국이 경제 성장만을 위해 이 지역을 개발하고 있을까? 여기서 주목할 점은 시기이다. 동북공정과 동북진흥책의 시기에 눈여겨볼 필요가 있다. 중국의 동북공정은 2002년부터 2004년까지 중점적으로 다뤄졌다. 알다시피 중국 정부는 간도 지방에서 있었던 우리의 역사를 중국의 지방 역사로 편입하여 역사적·공간적 지배를 강화하려고 했다. 이처럼 동북삼성의 개발은 단순한 지역 개발을 넘어 이 지역에 대한 실효적 지배를 넓히려는 목적도 함께 지니고 있다.

중국의 강력한 경제 개발은 연변조선족자치구에서의 변화에서도 알 수 있다. 중국의 입장에서는 중국 내 조선족이 몽골족, 티베트족과 함께 55개의 소수민족 중 가장 신경이 쓰이는 존재이다. 그 이유는 조선족은 북한과 남한이, 내몽고자치구의 몽골족은 몽고가, 그리고 티베트족은 티베트라는 국가가 있기 때문이다. 국력이 약한 다른 나라보

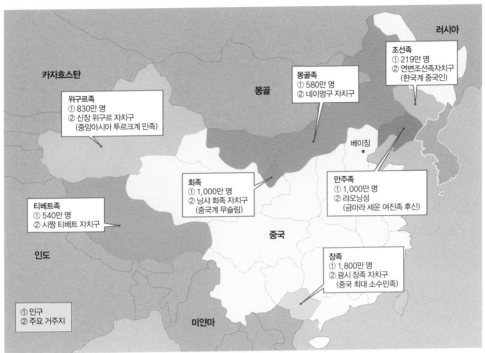

중국은 인종의 용광로이다. 한족이 약 92% 인구를 차지하고 있지만 55개의 소수민족들도 존재하고 있다. 중국 내에서 조선족은 가장 교육열이 높은 소수민족으로 알려져 있으며, 이 지역에서 항일운동에 많이 참여했다.

다는 통일 가능성이 있는 한반도를 모국으로 하는 조선족의 존재는 중국 정부에게 상당한 부담일 것이다. 따라서 중국 정부는 동북진흥책을 하면서 연변자치구 내에서 한족의 정착과 사업을 장려하고 있다. 그 예로, 이 지역에 정착하는 한족 청년들에게 차별적으로 급여 우대를 하고 있으며 한족 출신의 기업가들을 위한 다양한 세제稅制 지원을 하고 있다. 그 결과 자치구 내에서 조선족의 거주 비율은 점차 줄어들고 있으며 한족이 다수를 차지하고 있다. 앞으로도 중국은 백두산 및 간도 지역에 대한 지배를 확고히 하기 위해 지속적으로 노력할 것으로 보인다.

'백두산'이 아닌 '창바이산'의 의미

역사적으로 보면 백두산은 중국의 다수 민족인 한족에게 중요한 산이 아니다. 백두산은 한족이 신성시하는 오악五嶽에도 들지 않는다. 오악은 동악 태산, 서악 화산, 남악 형산, 북악 항산, 중악 숭산을 말한다. 백두산은 과거 만주족의 청나라 말까지만 해도 한족의 출입 자체가 불가능했다. 만주족은 백두산을 자신들의 발상지로 신성시해 봉금령을 내리고 한족들의 출입을 철저히 막았다. 그러나 백두산을 신성시했던 여진족(만주족)은 현재 약 1천만 명에 불과하며, 그들은 자신들의 문자와 문화를 잃어버린 채 한족에 동화되어 있다.

그런데도 중국은 왜 호칭을 혼용하던 데서 벗어나 '창바이산'으로 홍보하고 있을까? 그 이유는 동북공정과 마찬가지로 중국이 백두산의 전략적, 역사·문화적, 경제적 가치의 중요성을 인식했기 때문이다. 이제 백두산이 아닌 '창바이산'을 위한 중국의 구체적인 시도는 어떻게 이뤄지고 있을까?

먼저, 정책에서는 연변조선족자치주 정부가 행사하던 백두산 관할권을 2005년 설립된 지린성 정부 직속의 '창바이산 보호개발관리위원회'로 이관했다. 이 위원회는 백두산이 중국의 관할에 있으며 이를 중앙정부에서 지속적으로 보호하고 개발을 하겠다는 굳은 의도가 담겨 있다. 해당 홈페이지에서는 '중국의 창바이산'으로 꾸준히 알리며 관련 연구 자료들을 실시간으로 제공하고 있다. 아마 머지않아 한국어, 영어 등 다른 나라의 언어로 제공할 것이다. 이를 토대로 위원회는 '유네스코 자연유산'에도 단독 등재를 추진하고 있다. 세계자연유산이 된다면 자연스럽게 지역의 균형 발전은 물론, 백두산은 중국의 것이라는 두 마리 토끼를 잡을 수 있다.

　　다음으로, 동시에 중국은 '창바이산 문화론'을 강조하고 있다. 앞서 살펴봤듯이 한족의 역사에서 백두산은 그리 중요한 지역이 아니었다. 그러나 백두산의 지금과 내일이 중요해지면서 문화면에서 관심이 증가하고 있다. 창바이산 문화론을 요약하자면 "중국의 역대 왕조가 창바이산을 관할해 왔으므로 그 문화 역시 중화 문화권에 속한다."라는 주장이다. 한마디로 백두산은 예전부터 지금까지 중국의 것이라는 논리이다. 이러한 논리를 강화하기 위해 중국 정부는 각 대학, 연구소의 학술과 연구 지원을 아끼지 않고 있다. 이에 힘입어 2014년 11월 중국이 연구한 백두산 관련 논문은, 스코푸스(세계 최대 학술 인용 기관)에 따르면 253편에 달한다. 그중 우리가 연구한 백두산에 관한 논문은 겨우 34편에 불과하다는 현실이 다소 충격적이다. 앞으로 '창바이산'을 위한 중국 정부의 지원은 더욱더 커질 것으로 보인다.

16

중국의
끝없는
영토 추구와
국제법

세상의 중심에서 중국을 외치다

중국의 움직임을 알기 위해서는 과거부터 지금까지 존재하는 중화사상 中華思想에 대해 살펴봐야 한다. 여기서 '중'은 중국을 의미한다. '화'는 빛나다, 꽃피다, 색채 등을 의미한다. 즉 중화란 중국인의 자부심이 깃든 빛나는 문화와 사상이라고 할 수 있다. 중국인의 중화사상은 여기서 그치지 않는다. 세상의 중심이 곧 중국이라는 세계관까지 갖고 있다.

중화는 중국이 천하의 중심이면서 가장 발달한 문화를 가지고 있다는 선민의식을 드러낸다. 그리고 자신들 이외의 타자들을 이민족으로 구분하여, 중국의 천자가 모든 이민족을 다스려 세상의 질서를 유지한다는 '천하국가관'을 낳았다. 이러한 뿌리 깊은 중화사상은 자문화(자민족) 중심주의적 사상을 지니고 있다고 볼 수 있다. 중화 이외에는 이적 夷狄이라 하여 천시하고 배척하는 관념이 있기 때문에 화이사상華夷思想이라고도 한다.

중화사상은 예부터 중국이라는 대륙과 그 옆에 있는 한반도의 역사에도 많은 영향을 주었다. 중국의 중화라는 거대한 문화의 소용돌이에서 많은 민족들이 자신들의 문화와 사상을 잃어버렸음에도 한민족은 고유의 문화를 지켰다는 것이 놀라운 일이다. 한반도와 만주에서 꽃피운 우리 문화는 독특함과 다양성을 지니고 있다. 그래서 매년 1천만 명이 넘는 관광객이 찾아오며, 세계로 뻗어 나가는 한류를 실감하는 것이다.

세상의 중심을 중국으로 삼으려는 중국은 이제 새로운 움직임을 보이고 있다. 당나라의 실크로드, 명나라 정화(남해에 일곱 차례 대원정을 떠난 것으로 유명한 정치가이자 탐험가)의 해양 원정을 21세기에 구현하려고 한다. 역사에서 최강국으로 존재했던 국가들처럼 경제와 문화의 중심으로

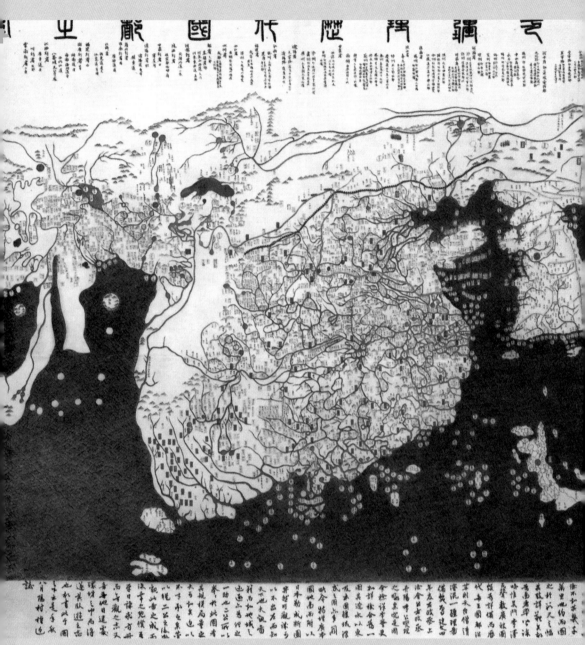

'혼일강리역대국도지도'는 1402년(태종 2년)에 제작된 세계지도이다. 정중앙에 크게 표현한 중국의 모습에서 당시 중화사상을 알 수 있다.

다시금 도약하려고 한다. 막강한 경제력을 바탕으로 새로운 중화사상을 구현하려는 셈이다. 2014년 11월 8일 중국의 최고 지도자인 시진핑은 일대일로一帶一路 정책을 발표했다. 베이징에서 개최된 에이펙APEC(아시아·태평양경제협력체) 정상회의에서 "앞으로 실크로드 기금을 통해 주변 국가들의 기초 시설, 자원 개발, 산업 협력, 금융 협력 등과 관련된 프로젝트에 대한 투자·융자를 지원하겠다."라고 공개했다.

일대일로란 중앙아시아와 유럽을 잇는 육상 실크로드(일대)와 동남아시아와 유럽, 아프리카를 잇는 해상 실크로드(일로)를 뜻하는 용어이다. 총인구 44억 명, 경제 총량 21조 달러의 거대 경제권을 확보하겠다는 의도가 담겨 있다. 알다시피 중국은 이제 힘을 감추지 않고 있다.

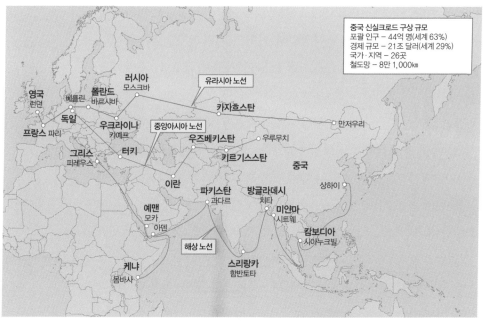

15세기의 혼일강리역대국도지도처럼 중국은 21세기 새로운 경제, 국제정치 지도를 그리려는 계획을 가지고 있다. 중국은 막대한 경제력을 바탕으로 당나라, 명나라 시대처럼 국제사회에서 더욱 큰 영향력을 발휘하고자 한다.(출처: 중국경제망)

중국의 현재 주석 시진핑. 주석의 임기는 10년이다. 덩샤오핑 이후로 장쩌민과 후진타오도 10년간 중국을 이끌었다.

이러한 정책은 G2('미국과 중국'을 의미하는 단어)의 영향력 전쟁으로 연결되기도 한다. 즉 아시아 및 아프리카를 향한 미국의 세계적 영향력에 대해 중국도 발휘하겠다는 국제정치적 전략이 담겨 있는 것이다. 중국은 2014년 7월 기준으로 약 13억 5천만 명의 인구가 살고 있다. 비교하자면 미국이 3억 2천만 명으로 세계 3위의 인구 국가이다. 2위는 중국과 인접한 인도이다. 중국의 1인당 국민소득은 7,572달러로 세계 80위이지만, 국내 총생산GDP은 세계 2위이다. 2014년 국제통화기금IMF 기준으로 미국 17조 4,163억 달러 다음으로 10조 3,554억 달러를 기록했다. 물론 아직 미국의 경제력과 군사력, 국제정치의 영향력에는 뒤지지만 그 격차가 빠르게 줄고 있다. 미국도 이제는 중국을 경쟁자로서 판단하고 있다.

중국은 빠르게 변화하고 있다. 움츠렸던 힘을 마음껏 과시하고 있다. 1980년대 중국의 개혁개방을 이끌었던 덩샤오핑 주석은 중국의 국제정치(외교) 정책을 도광양회韜光養晦라고 했다. 이는 '빛을 감추고 어둠 속에서 은밀히 힘을 기른다'는 뜻으로, 도광이라고 줄여 말하기도 한다. 즉 중국이 공산주의 경제 방식에서 벗어나 이제 막 자본주의 경제 체제를 받아들이며, 아직 힘이 없을 때 철저히 참고 기다리겠다는 전략이다. 그래서 이 시기에는 경제력의 몸집을 키우며 오로지 경제 성장에 초점을 맞췄다.

그러나 중국이 막강한 G2로 들어선 지금은 변화를 알리고 있다. 시진핑 주석의 국제정치 노선은 주동작위主動作爲이다. 말 그대로 요약하면 '할 일을 주도적으로 한다'는 뜻이다. 즉 세계의 기존 규칙을 따라갈 것이 아니라 스스로 규칙을 만들어 갈 것이라는 의미를 담고 있다. 과거의 중화사상을 21세기에 다시 펼치겠다는 포부를 전 세계에 밝힌 셈이다. 그에 따라 중국의 인접국에서 많은 영토 분쟁이 일어나고 있는 것은 우연이 아니다. 우리나라의 경우에도 이어도 부근에서 방공식별구역(영공 침입 방지를 위해 각국이 설정한 공역)을 둘러싼 갈등이 등장했다. 이러한 중국의 국제정치는 우리 땅 백두산을 둘러싼 문제에도 많은 고민과 과제를 안겨 줄 것이다.

중국의 영토 분쟁 지역들

지금까지 우리는 중국의 끝없는 영토 추구는 중화사상에 깃든 영향력을 다시금 발휘하겠다는 움직임이라는 것을 알 수 있었다. 백두산에 대한 영향력을 확대하겠다는 것도 이러한 중국의 세계관에서 출발한다. 그렇다면 유독 중국이 인접국과의 영토를 둘러싼 분쟁이 많아진 것은 무엇을 의미할까?

중국은 세계 1위의 인구 대국이다. 강력한 산아제한 정책(1가구 1 자녀)으로 억제해 왔지만 여전히 인구가 많다. 이것은 무엇을 의미할까? 필연적으로 많은 자원을 필요로 한다는 뜻이다. 이러한 인구 유지를 위한 중국의 고민은 끝없는 영토 추구로 이어졌다. 더불어 해상 영유권을 가지고 분쟁 중이다. 뉴스에서 종종 볼 수 있는 황해(서해)에서의 중국 어선 불법 조업은 더 많은 자원 확보를 위한 중국의 민낯을 그대로 보여준다고 할 수 있다.

중국의 대표적인 영토 분쟁 지역은 일본명으로 센카쿠 열도, 중국명으로 댜오위다오釣魚島이다. 왜 이 두 나라는 유독 이곳을 중요하게 생각하고 있을까? 크게 두 가지에서 살펴볼 수 있다. 이 지역의 영유권을 확보한다면 엄청난 석유와 천연가스를 확보할 수 있기 때문이다. 12 해리의 영해와 200해리의 배타적 경제 수역EEZ을 모두 가질 수 있다. 자원에 관심 많은 중국은 놓칠 수 없는 지역이다.

다음으로는 국제정치의 관점에서 볼 수 있다. 중국은 미국을 가장 강력한 경쟁국으로 생각하고 있다. 이러한 미국과 동맹국으로 지내고 있는 일본은 중국에게 견제 세력일 수도 있다. 특히 태평양 지역을 주둔하고 있는 미국의 군사력은 중국의 안보에 위협이 된다고 생각하고 있다. 그런데 이 분쟁 지역을 확보한다면 안정적으로 태평양에 진출할 수 있다고 보는 것이다. 한편 일본의 입장에서도 이 지역은 중요하다. 일본은 섬나라로 섬과 해상이 터전이자 세계와 이어지는 통로이다. 동중국해東中國海, 말라카 해협, 인도양으로 이어지는 해상 교통로이므로 지켜야 할 곳이다.

2014년 중국과 일본은 관계 개선을 위한 4대 원칙에 합의했고, 시진핑과 아베 신조는 11월 정상회담을 가졌다. 4대 원칙 중 "양국이

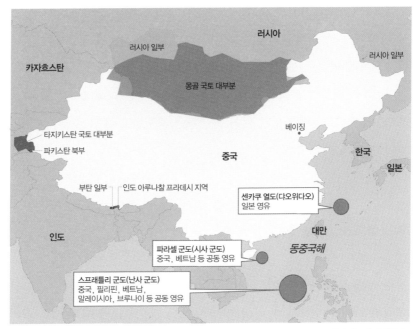

중국이 영유권을 주장하는 타 국가 영토. 중국은 아시아 주변국의 영토를 끝없이 추구하고 있다. 훗날 백두산 및 압록강 주변의 영토 분쟁도 예상할 수 있다.(출처: 중국 〈환구시보〉)

센카쿠 열도 등 동중국해에서 최근 몇 년 새 조성된 긴장 국면에 대해 서로 다른 주장을 펼치고 있다는 점을 인식하면서도 대화와 협상을 통해 정세 악화를 방지하고 위기관리 시스템을 조성해 불의의 사태를 방지해 나가기로 한다."라는 조항은 많은 해석을 담고 있다. 물론 양국 정상이 만나 영토 분쟁에 대해 평화적 대화와 협상을 했다는 점에서 그 의의가 있다. 하지만 구체적인 합의 내용과 원칙이 없으므로 두 국가 모두 각자의 유리한 측면에서 해석을 할 수밖에 없다. 그러므로 앞으로 이 지역을 둘러싼 중국과 대만, 일본, 미국의 분쟁은 더욱 심해질 것이다. 중국은 이제 국제사회에서 자신들의 영향력을 충분히 발휘하겠다는 대원칙이 세워져 있기에 갈등의 폭은 커질 것으로 예측된다. 센카쿠 열도가 우리에게 주는 메시지는 분명하다. 이 지역의 갈등은 중국과 일본을 넘어 미국과의 국제 갈등이 있다는 것이다. 그리고 이러한 국제 영향력의 각축장이 우리 한반도 지역, 백두산 지역이라는 점은 많은 생각을 하게 한다. 앞으로 통일 과정에서 백두산을 둘러싼 갈등을 예고하는 것이다. 백두산을 지키기 위해 우리 역시 차근차근 준비하고 국제정치의 흐름을 읽어야 한다.

무력 행동과 외교를 통한 영토 분쟁 해결

영토 분쟁은 비단 한국과 중국에서만 일어나는 현상이 아니다. 다양한 목적과 자원 확보를 위한 세계 영토 분쟁은 앞으로도 끊이지 않을 것이다. 이제 영토 분쟁의 해결 사례들을 살펴보면서 백두산과 간도 지역을 둘러싼 영토 분쟁에 대한 해결점을 찾아보도록 하자.

근대적인 국가가 성립된 이후 분쟁이 해결된 사례를 정리해 보면 크게 세 가지가 있다. 첫째, 외교적 해결 방식, 즉 분쟁 당사국이 서로 합의를 통해 도출하는 방식 또는 제3국의 중재가 있다. 둘째, 국제사법재판소에 제소해 재판으로 분쟁을 해결하는 방식이다. 셋째, 결국 앞의 두 방식이 원만히 이뤄지지 않을 때 일어나는 무력 행동이 있다.

우선 무력 행동부터 살펴보자. 이는 곧 전쟁을 의미한다. 즉 군사력을 동원해 영토 분쟁을 해결하려는 행위이다. 역사적으로 볼 때 무력으로 점령하는 방식인 '전쟁'은 주로 당사국 간에 군사력 격차가 클 때 속결을 보장하는 가장 간편한 수단이다. 평화적인 해결책은 아니라는 점에서 한계가 있다. 안타깝게도 군사력의 충돌과 전쟁은 영토 분쟁의 해결 방식에서 많은 비중을 차지한다. 그 예로, 영국과 아르헨티나의 포클랜드 섬을 둘러싼 전쟁과 최근 러시아와 우크라이나의 영토 분쟁을 들 수 있다.

　이 중 포클랜드 전쟁을 살펴보자. 실질적으로 1833년 이후 영국령인 포클랜드에 대하여, 1816년 에스파냐로부터 독립할 때 그 영유권도 계승한 것으로 주장하는 아르헨티나는 1982년 4월 2일 무력으로 이 섬을 점령했다. 그에 따라 영국도 이 섬을 둘러싸고 아르헨티나와 전쟁을 벌였다. 이 섬은 근해에 많은 석유가 매장되어 있으며, 또 남극 대륙의 전진기지로서 가치가 있기에 두 나라에게 모두 중요했다. 전쟁은 영국의 승리로 끝났지만 두 나라 모두가 악영향을 받았다. 영국은 사상자 452명과 전비戰費로 15억 달러를 소비했는데, 국위선양 등 작은 성과에 비해 커다란 경제적 부담을 떠안게 됐다. 아르헨티나는 사상자 630명이 발생했고 이와 더불어 국내 총생산 600억 달러로 거의 국력을 총동원했다. 엄청난 전쟁 비용을 지출하여 이후 심각한 경제적 위기에 몰렸다. 그 고통은 아르헨티나 국민들에게 고스란히 부담으로 돌아왔다.

　이러한 무력 행동은 과거에만 있지 않았다. 최근 2014년에는 우크라이나 동부 지역을 둘러싼 갈등이 큰 이슈였다. 이 지역의 친러시아 지방정부는 러시아로의 편입을 주장하며 우크라이나 정부군과 무력 행동을 했다. 친러시아 지방정부군은 러시아의 강력한 지원을 받고 있다. 국제사회의 비난에도 러시아는 자국 영토로 편입하고, 이를 선언했다. 그리고 영토 편입은 여전히 진행 중이다. 러시아의 막강한 군사력과 석유, 천연가스 같은 풍부한 경제력 앞에서 우크라이나는 힘없이 버티고 있는 모습이다.

　여기까지 두 사례를 살펴보며 우리는 몇 가지를 알 수 있다. 먼저 영토를 둘러싼 영토 분쟁은 과거에만 존재하지 않았다는 것이다. 그리고 무력 행동을 예방하려면 국력이 필요하다는 점이다. 마지막으로 평화적 해결 방법을 모색해야 한다는 점과 국제사회에서 자국 영토에 대한 영향력을 잃지 않아야 한다는 점이다.

영토 분쟁을 해결하기 위한 두 번째는 외교적 해결 방식이다. 이 방식은 국제정치에서 분쟁 당사국 스스로의 주도에 의해 외교적으로 교섭하는 것을 의미한다. 또는 제3자(국가 또는 개인)의 조정이나 중재에 의해 해결하는 방식이다. 분쟁 당사국의 직접 교섭에 의해 해결된 사례는 2008년 10월 공식 종결된 중국과 러시아 간 국경 분쟁이 있다. 양국은 영유권 분쟁의 핵심이던 헤이룽강(러시아명 아무르강)의 영토 분쟁에 대해 지속적인 협의를 통해 결과를 도출해 냈다. 결론적으로 러시아가 점유해 온 헤이샤쯔黑瞎子(러시아명 볼쇼이 우수리스크)섬을 절반씩 나눠 갖고, 인룽銀龍(러시아명 타라바로프)섬을 중국이 돌려받는 것을 합의함으로써 79년간 이어졌던 분쟁이 종결됐다.

그런데 왜 중국과 러시아는 이 시기에 외교를 통해 영유권 분쟁을 해결하려 했던 걸까? 그 배경은 무엇일까? 두 가지 측면에서 분석해 볼 수 있다.

첫 번째는 중국과 러시아 모두 평화적 해결이 필요했다는 점이다. 미국과의 경쟁에서 협력하기 위해 두 국가는 전략적 협력이 필요했다. 미국을 함께 견제하기 위해 껄끄러웠던 영토 분쟁을 빨리 해결해야 했다. 그런 점에서 평화적 협력이 가능했다. 두 번째는 두 국가 모두 국제사회에서 초강대국으로 존재한다는 사실이었다. 군사력과 경제력 등 국력이 모두 우위에 있는 두 국가는 오랜 기간 무력 충돌을 이어가는 것이 서로에게 큰 손해임을 알고 있었다. 러시아는 자국의 영토 절반을 중

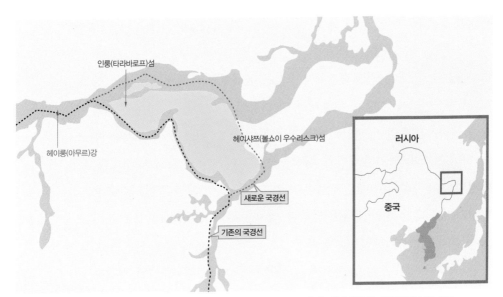

러시아가 반환한 중국 옛 영토. 2008년 헤이룽강의 영토 분쟁은 중국과 러시아 양국의 필요성에 의해 외교적인 해결이 가능했다.

국에게 넘겼지만, 막대한 천연가스와 석유의 공급, 무기 수출, 외교 협력 강화 등 여러 가지 이익도 함께 얻을 수 있었다. 외교적인 해결 방식은 사실 쉽지 않지만 평화적인 해결이 가능하다는 점에서 의의가 있다.

하지만 이 방식은 앞으로 우리의 준비가 많이 필요해 보인다. 백두산뿐만 아니라 통일 한국의 한반도 주변 국경에서 펼쳐질 영토 분쟁은 결코 만만치 않다. 한반도를 둘러싼 중국, 러시아, 일본은 국제사회에서 강대국이기 때문이다. 국제정치에서 우리의 영향력을 키우고 다가올 협상에 만반의 준비를 해야 한다.

국제법과 국제재판을 통한 해결

마지막으로 영토 분쟁을 해결하는 방식은 국제법과 국제재판을 통한 것이다. 대한민국에서 땅에 대한 소유권 다툼이 벌어지면 어떻게 해결할수 있을까? 갑과 을이 개인이라면 민법과 민사소송법으로 가능하다. 둘중 하나가 국가라면 행정법과 행정소송법으로 해결이 가능할 것이다. 이처럼 현대사회에서 많은 갈등은 법원의 재판을 통해 해결할 수 있다. 마찬가지로 국가 간의 다툼이 있다면, 국제법과 국제사법재판소를 통해서 해결이 가능하다.

국제사법재판소ICJ는 유엔의 산하 사법기관이다. 유엔에 가입된국가들은 모두 국제사법재판소에 재판을 신청하여 국제재판을 받을 수있다. 그렇지만 국제법을 통한 해결 방법은 국내법과 다르게 쉽지 않아보인다. 국제법이 가지고 있는 몇 가지 특징이 있기 때문이다. 먼저 국내법에 비해 국제법은 강제력, 즉 힘이 강하지 못하다. 국제법을 지키지않아 국제사회에서 비난을 하더라도 현실적으로 주권을 가진 한 국가를제재하기는 쉽지 않다. 유엔은 강력한 강제력이나 물리력을 가지고 있지 않다. 또한 국제법을 만드는 입법기관이 존재하지 않는 점에서 제한이 있다. 국제법은 분쟁 양국이 인정한 규칙이나 조약, 국제 협약, 국제적 관습법에 의해서 구성된다. 따라서 국내법에 비해 추상적이며 구체성이 떨어진다. 즉 분쟁의 가능성과 논란의 가능성이 많다는 것이다. 마지막으로 국내법은 재판 결과대로 집행할 수 있으나, 국제법은 그 결과를 당사자가 받아들이지 않으면 집행에 어려움이 있다. 이처럼 국제법에 의한 해결 또한 쉽지 않다.

그런데 여기서 일본의 '독도'에 대한 문제 제기에 주목할 필요가 있다. 일본은 국제사법재판소를 통한 해결을 원한다. 왜 그럴까? 대한민국은 현실적으로 국제법에 의한 결과를 불복하기 쉽지 않다. 국제법의 영향력이 국내법보다 못하더라도 지키지 않는다면 국제사회에서 많은 비난과 불이익을 감수해야 함은 물론이다. 다양한 나라와 무역을 통해 경제 성장을 하고 있는 대한민국에서 국제법을 어긴다는 것은 있을 수 없는 일이다. 그렇기에 우리 땅 백두산을 보면서 앞으로 펼쳐질 국제법에 의한 분쟁 해결에도 주목해야 한다.

그동안 있었던 영토 분쟁의 국제재판에서 눈여겨봐야 할 점은 무엇이 있을까? 먼저 국제재판에서 승소하기 위한 쟁점을 보면 실효적 점유, 나아가 실효적 지배가 중요함을 알 수 있다. 즉 한 국가의 고유 영토라는 역사적·본원적 증거, 결정적 기일, 인접성의 원칙 등을 체계적으로 입증해야 한다는 것이다. 즉 단순히 점유했다는 것으로는 인정받지 못한다. 점유를 넘어서 실효적으로 지배하고 있다는 것을 뒷받침할 증거와 증명을 해야만 영토로 인정받는 것이다. 독도와 백두산에 대한 우리 입장의 학술적 증명, 많은 해외 홍보가 필요하다는 것을 알려 준다. "법은 권리 위에 잠자는 사람을 보호하지 않는다."라는 격언이 있다. 우리 땅 백두산과 독도를 지키기 위해 우리가 나아가야 할 방향이 무엇인지 깨달을 수 있다.

역사적으로 오랜 시간 동안 충돌한 영국과 프랑스의 영유권 분쟁을 알아보자. 영국과 프랑스는 망끼에와 에크레오의 섬들 및 암초에 대한 분쟁을 국제재판을 통해 해결했다. 여기서도 단순한 점유와 역사적 정통성 주장보다 치밀한 실효적 행정 절차에 필요한 증거의 중요성을 알 수 있다. 이 구역은 영국보다는 프랑스의 노르망디 반도와 더 가깝다. 그런데 1953년 영국의 승소 판결이 났다. 왜 영국이 이긴 걸까? 이 섬은 1259년 영국 왕 헨리 3세의 조약에서 처음 등장했다. 영국이 이 섬에 대해 영유권을 포기한다는 내용이었다. 그렇지만 이 조약에서는 물론, 1306년 칼레조약에서도 구체적인 이름을 적지 않았다. 프랑스는 이 섬들이 노르망디 반도에 부속되어 있기에 당연히 프랑스 영토라고 여겼다. 그래서 특별히 행정 조치를 하지 않았다. 그런데 영국인들은 이 섬을 꾸준히 이용했다. 영국 정부는 이 섬에 대해 세금을 부과하고 행정 구역으로도 관리했다. 즉 실효적 지배를 위한 노력을 해 온 것이다. 이러한 영국의 대응에도 프랑스는 별다른 대응을 하지 않았다. 프랑스의 영토라고 여전히 생각했기 때문이다. 이러한 차이가 영국이 승리한 배경이다. 프랑스의 안일한 대처를 지켜본 국제사법재판소는 영유권 포기 의사에 따른 행위라고 판단했다.

이 사례를 백두산에 대입해 보면 많은 의미에서 깨달음을 준다. 왜 중국이 백두산이 아닌 '창바이산'으로 개발하고 홍보하는지, 그리고 왜 그토록 많은 연구와 정책을 펼치는지 짐작할 수 있다. 프랑스의 과거를 보며 우리도 그들과 같은 안일함에서 벗어나야 한다.

세 계 의 주 요
영토 분쟁 지역

이스라엘-팔레스타인 분쟁

유대인들이 팔레스타인 지역에 이스라엘을 건국하며 발생한 분쟁
이다. 이스라엘과 팔레스타인 간의 분쟁 역사는 유대인들이 고국
팔레스타인(시온)에 유대 민족국가를 건설하자는 시오니즘(유대주의)
운동에서 시작한다. 이 운동으로 유럽에 흩어져 있던 유대인들이
팔레스타인으로 이주하기 시작하면서 아랍인들의 반발을 샀다.

팔레스타인들의 자살 폭탄 공격과 이스라엘의 보복 공격 등으로 양측에 많은 희생이 잇따랐
다. 이에 따라 중동 평화를 위한 여러 협정들이 체결된 결과, 2003년 6월 미국·이스라엘·팔레
스타인은 2005년까지 팔레스타인 독립국가를 창설하는 것을 골자로 하는 '중동평화로드맵'에 서

이스라엘이 만든 거대한 분리장벽

명했다. 그리고 마침내 2005년 9월 12일 이스라엘은 가자(Gaza) 지구에서 완전 철수했다. 이로써 1967년 제3차 중동전쟁 이후 계속되어 온 이스라엘의 가자 지구 점령이 38년 만에 종식됐다. 하지만 여전히, 이 지역에서 이스라엘과 팔레스타인은 영유권을 가지고 분쟁 중에 있다.

인도-파키스탄 분쟁

1947년 8월 영국으로부터 각각 독립한 인도와 파키스탄의 분쟁이다. 독립 과정에서 불분명한 지위에 있던 인도 서북 국경 산악 지대 '카슈미르' 지역의 영유권을 놓고 1947년, 1965년, 1971년에 세 차례의 전쟁을 치르는 등 60년 이상 분쟁을 지속해 왔다. 한반도 크기(22만㎢)와 비슷한 카슈미르 지역의 인구는 약 1,300만 명이며, 이슬람교도가 다수(이슬람교도 70% 내외, 힌두교도 22%)이다. 카슈미르 분쟁은 그 원인이 종교 갈등으로 대표되지만 식민 유산, 영토, 민족, 분리주의, 지역 패권 등의 요인들이 복합적으로 작용해 진행되었다고 할 수 있다.

6장

반 드 시
지켜야 할
우리의 산,
백 두 산

17

동해물과
백두산이
마르고 닳도록

애국가에 등장하는 우리의 백두산

백두산을 중심으로 지도를 거꾸로 보면 매우 흥미롭다. 한반도는 유라시아 대륙으로 이어지며, 또한 넓은 태평양으로 향하는 요충지가 된다.

　　동해물과 백두산이 마르고 닳도록
　　하느님이 보우하사 우리나라 만세
　　무궁화 삼천리 화려 강산
　　대한 사람 대한으로 길이 보전하세

우리가 잘 알고 있는 애국가의 1절이다. 그런데 지금 동해와 백두산은 모두 안녕하지 못하다. 동해는 일본해로, 백두산은 창바이산으로 불리는 실정이다. 독도는 일본의 다케시마 논쟁으로 아프고, 백두산은 중국의 과도한 개발로 아프다. 서해는 중국의 불법 어선으로, 남해의 이어도는 중국과 일본의 방공식별구역으로 인해 힘들다. 오랫동안 지켜온 우리의 아름다운 국토와 바다가 아프고 힘들다.

　　우리 한반도가 왜 이렇게 된 걸까? 한반도가 동북아 지역의 요충지이기 때문이다. 동북아 지역은 한국·중국·일본·대만을 의미한다. 그리고 러시아의 극동 지역도 포함한다. 이 지역은 이제 세계사의 중심지로 부각되고 있다. 한반도는 이처럼 중국·일본·러시아가 국경을 맞대고 있다. 또한 일본과 한국에 주둔하고 있는 미국은 두 나라와 밀접한 관계를 형성하고 있다. 더불어 한반도는 이러한 국가들 틈바구니에서 남북한으로 나뉜 분단에 처해 있다. 분단의 현실은 한반도에 참 많은 고민과 문제를 제시한다. 특히 평화통일을 추구해야 할 대한민국은 중

우리가 지켜야 할 아름다운 우리의 산, 백두산

국과 미국 사이에서 많은 고민이 있다. 중국은 북한과 혈맹을 맺은 관계이고, 한국과는 전략적 동반자 관계를 형성하고 있다. 한국의 중국 교역 규모는 1위이며, 중국 무역을 통해 막대한 경상수지 흑자를 기록하고 있다.

참으로 복잡한 양상이다. 휴전 상황에서 한국은 미국과 동맹을 맺으며 북한에 대한 군사적 억제를 하고 있다. 미국과 중국은 국제사회에서 초강대국으로 서로를 가장 강력한 경쟁자로 인식하며 충돌하고 있다. 중국은 러시아와, 미국은 일본과 서로 우호적인 관계를 형성하며 한반도를 주위로 경쟁 관계에 있다. 이러한 복잡한 경쟁 구도에 우리 땅 한반도가 있으며 백두산이 존재한다. 동북아 지역에서 한·중·일의 역사 갈등과 영토 분쟁은 앞으로도 더욱더 거세질 것이다. 거기에 북한과의 긴장 관계는 더욱더 대한민국을 복잡하게 만들 것이다.

복잡한 국제정치의 소용돌이 속에서 대한민국은 냉철하고 치밀한 준비를 해야 한다. 우리 땅 백두산을 지키기 위해, 한반도의 안정과 평화통일을 위해 차근차근 준비를 해야 한다. 위기를 기회로 삼아 국제정치의 중심지로서 그 역할을 기대해 본다. 다양한 동북아 지역의 갈등을 중재하고 평화적으로 해결할 수 있도록 우리의 역량을 키워 나가야 할 것이다. 그런 의미에서 한반도는 결코 작지 않다. 백두산으로부터 유라시아 대륙으로 이어지고, 제주도로부터 태평양으로 향한다. 우리에게는 아름다운 유산이 있다. 고려 시대의 서희가 송과 거란(요) 사이에서 국토를 보존하고 나라를 지키기 위해 펼쳤던 안목과 능력을 길러야 한다. 그래야 '동해물과 백두산이 마르고 닳도록' 지켜 나가며 평화통일로 향할 수 있다.

18

우리 땅
백두산을 지키기
위한 노력

백두산을 부탁해

2014년은 애국가에서만 불렀던 백두산을 다시금 기억하게 한 해였다. 유명한 한류 스타가 광고한 중국 헝다그룹의 생수 때문이었다. 그동안 한국을 전 세계에 알린 스타들이기에 '창바이산'으로 표시된 광고에 등장했다는 점은 팬에게 큰 실망으로 다가왔다. 하지만 비난하기에 앞서, 우리는 과연 우리 땅 백두산에 대해 얼마나 알고 있을까? 그리고 우리는 백두산을 지키기 위해 어떤 노력을 하고 있을까?

중국은 2000년대 초반 동북공정의 역사 연구부터 최근 창바이산 문화론까지 많은 학술 연구와 해외 논문을 게재하고 있다. 이러한 노력을 바탕으로 세계지질공원, 유네스코 자연유산에 단독 등재를 추진 중이다. 이에 반해 우리의 연구와 준비는 매우 빈약하다. 북한과 분단 상황이라는 제한적 이유를 고려하더라도 대한민국의 대응이 미흡하다는 것을 알 수 있다. 또한 실효적 지배를 위한 중국의 백두산 개발에서 북한과 한국은 지켜볼 수밖에 없다. 어느새 세계지도에는 백두산이 없고 창바이산이 있다. 지금의 상황으로는 백두산과 주변 지역을 둘러싼 국경 협상에서 매우 불리해 보인다.

우리 땅 백두산을 지키기 위해 우리는 어떻게 노력해야 할까? 대한민국 헌법 제3조는 이렇게 말하고 있다. "대한민국의 영토는 한반도와 그 부속 도서로 한다." 현실적으로 남북 분단의 상황에서 백두산에 대한 실효적 지배를 위한 대한민국의 노력은 제한적일 수 있다. 그러나 백두산을 지켜 내려면 다방면에서 노력이 필요하다.

남북한이 함께 백두산을 지켜 나간다면 어떨까? 백두산이 통일로 나아가는 징검다리가 될 수 있다. 우리에게 백두산은 단순한 자연적

공간이 아닌 역사·문화적 공동 유산이기 때문이다. 따라서 남북한이 힘을 합쳐 학술 연구 및 다양한 보전 개발 정책을 펼칠 필요가 있다. 또한 이러한 성과들을 세계에 알린다면 남북한 평화의 상징으로 자리매김할 수 있을 것이다.

또한 중국과의 공동 연구도 함께 진행해야 한다. 중국의 일방적인 개발과 역사 왜곡을 막기 위해 남북한과 중국의 당사자들이 만나서 함께 풀어 가야 할 것이다. 그런 점에서 백두산을 유네스코 세계자연유산에 공동 등재하는 일은 평화적인 해결책이 될 수 있다. 이러한 사례는 프랑스와 스페인의 경우에서 배울 수 있다. 바로 피레네 산맥의 심장으로 불리는 고도 3,352m의 몽페르뒤Mont Perdu 산이다. 이 산은 '잃어버린 산'으로 불린다. 여기에는 천혜의 자연 속에서 시간을 잃어버린 유럽의 고전적인 생활양식이 남아 있기 때문이다. 국경에 맞닿은 프랑스와 스페인은 고전적인 지질학적 자원을 보존하고 같이 연구를 진행했다. 그리고 이 성과를 바탕으로 세계자연유산으로 등재하기도 했다. 이 지역을 함께 보존하면서 관광지로 개발했고 전 세계의 수많은 사람들이 찾는 유명 지역으로 재탄생됐다.

백두산 역시 남북한이 협력하고 중국이 같이 보존한다면 세계가 인정하는 아름다운 유산으로서 충분히 가능성이 있다. 아직 분단되어 대치하고 있는 상황에서 현실적으로 쉽지 않을 것이다. 하지만 앞으로 통일 한국, 그리고 세계유산의 보전이라는 당위성을 가지고 출발한다면 준비할 수 있다.

백두산을 지키기 위해서는 국제정치, 외교, 학술 연구, 보존 및 개발, 남북한 협력, 중국 협력 등 다양한 방면에서 대비해야 한다. "천리 길도 한 걸음부터"라는 속담이 있다. 우리 땅을 지키기 위한 노력은 거창한 구호가 아닌 '남북한 8천만' 전 국민의 관심에서부터 출발하는 것이다. 나 하나부터 지금 여기, 한반도와 백두산에 관심을 기울이고 유산을 아껴 간다면 우리가 원하는 목적지에 어느새 도착해 있을 것이다. 그리고 백두산에 관심을 가지고 지켜 가다 보면 한반도 통일과 세계의 평화에도 다 같이 다다르게 될 것이다.

아름다운 우리의 땅, "백두산을 부탁해!"